类脑智能目标检测
原理及应用

赵小川　史津竹　著

U0228855

化学工业出版社

·北京·

内 容 简 介

　　本书将人工智能与人类智慧深度融合，系统、全面地介绍了类脑智能目标检测网络的构建原理、方法、过程，具有较高的学术价值；同时，本书将所构建的类脑智能目标检测网络在无人车交通标志检测、无人车–机械臂协同作业这两个场景进行了示范应用，具有较大的工程应用价值。

　　本书主要的读者群体为从事类脑智能、计算机视觉、无人系统研究的科研工作者，以及人工智能、电子信息、计算机工程等相关专业的博士研究生、硕士研究生。

图书在版编目（CIP）数据

　　类脑智能目标检测原理及应用 / 赵小川，史津竹著
. — 北京：化学工业出版社，2022.10
　　ISBN 978-7-122-42079-4

　　Ⅰ. ①类… Ⅱ. ①赵… ②史… Ⅲ. ①人工神经网络
– 计算机网络 – 研究 Ⅳ. ①TP183

　　中国版本图书馆 CIP 数据核字（2022）第 160955 号

责任编辑：周　红　曾　越　　　　　　　　　文字编辑：郑云海　陈小滔
责任校对：边　涛　　　　　　　　　　　　　装帧设计：水长流文化

出版发行：化学工业出版社（北京市东城区青年湖南街 13 号　邮政编码 100011）
印　　装：北京建宏印刷有限公司
880mm×1230mm　1/32　印张 6　字数 143 千字　2023 年 1 月北京第 1 版第 1 次印刷

购书咨询：010-64518888　　　　　　　　　售后服务：010-64518899
网　　址：http://www.cip.com.cn
凡购买本书，如有缺损质量问题，本社销售中心负责调换。

定　　价：99.00 元

目标检测是指对图像中感兴趣物体的类别和位置进行判断的过程，在自动驾驶、安防监控、智能机器人、航空航天、医疗诊断等领域应用广泛。目前基于数据驱动的目标检测存在抗干扰能力不足等瓶颈问题，易受外界环境因素的影响，导致误检或漏检，如2016～2021年特斯拉无人车发生的四次重大事故，均是由于将白色集装箱误检为白云而导致的。然而，人类大脑视觉皮层经过漫长的进化，可实现高效、精确的目标检测，具有很强的适应性和稳定性。本书以此为研究背景，从仿生的角度出发，深入分析如何构建具有抗干扰能力的类脑智能目标检测网络。

本书将人工智能与人类智慧深度融合，系统、全面地介绍了类脑智能目标检测网络的构建原理、方法和过程，具有较高的学术价值；同时，本书将所构建的类脑智能目标检测网络在无人车交通标志检测、无人车-机械臂协同作业这两个场景中进行了示范应用，具有较大的工程应用价值。

本书紧扣国际前沿热点，其主要创新性内容如下：针对现有目标检测深度神经网络抗干扰能力差的瓶颈问题，模拟大脑初级视觉皮层的生物学机理和人类认知注意机制，提出了受大脑视觉皮层启发的多层级、多通路、融合认知注意的类脑目标检测网络，可实现在表面遮挡、噪声影响、光照变化、AI对抗等环境下的目标精准检测，具有良好的实时性、稳定性和抗干扰能力。[注：本书的主要创新性内容经第三方查新（查新报告号：2021080）表明，未见公开报道，具有创新性。]

本书的主要读者群体为从事类脑智能、计算机视觉、无人系统研究的科研工作者，以及人工智能、电子信息、计算机工程等相关专业的博士研究生、硕士研究生。"类脑智能"是新一代人工智能的重要发展方向之一。

本书共6章，分别从"目标检测技术及其发展""大脑视觉皮层的机理分析""类脑智能目标检测网络的构建与优化""类脑智能目标检测网络的性能评价""在无人驾驶车辆上的应用验证""类脑目标检测系统的综合评价"等角度开展论述，紧扣前沿，系统全面，集学术性、创新性、实用性于一体。

感谢北京市科技计划"高抗扰性目标检测技术及其应用"项目以及教育部科技发展中心中国高校产学研创新基金"仿视觉皮层的目标识别网络研究及其应用"的资助；感谢武警工程大学"高层次科技创新人才引进计划"的支持。

感谢北京大学谭营教授、北京师范大学李小俚教授、北京航空航天大学王青云教授、北京航空航天大学洪晟研究员、北京钢铁侠科技有限公司董事长张锐对本书的指导和支持。

感谢刘华鹏工程师、樊迪博士、马燕琳工程师、王子彻工程师、陈路豪工程师在本书撰写过程中所做的贡献。

由于笔者水平所限，书中不妥之处敬请读者批评指正。

赵小川

第1章
目标检测技术及其发展

第2章
大脑视觉皮层的机理分析

第3章
类脑智能目标检测网络的构建与优化

第**4**章
类脑智能目标检测网络的性能评价

第**5**章
在无人驾驶车辆上的应用验证

第6章
类脑目标检测系统的综合评价

第 **1** 章

目标检测技术及其发展

类脑目标检测是深度学习领域的一个重要研究方向，为了使大家更加系统、全面地了解本书的核心内容，本章主要介绍类脑目标检测的相关基础，包括：数字图像处理、深度学习、目标检测技术的内涵、评价指标、研究状况与技术瓶颈、AI对抗攻击等。

类脑智能目标检测原理及应用

1.1　数字图像处理与深度学习

1.1.1　数字图像处理的基础知识

　　数字图像是由一个一个的"小点"组成，我们把这样的小点称为"像素"。"像素"的英文为"pixel"，它是"picture"和"element"的合成词，表示图像元素的意思。我们可以对"像素"进行如下理解：像素是一个面积概念，是构成数字图像的最小单位。像素的大小与图像的分辨率有关，一幅图的分辨率越高，像素就越小，图像就越清晰。图1-1所示的是不同像素图像之间的比较。

（a）像素为320×240的图像

（b）像素为80×60的图像

图1-1　像素不同的图像比较

2

数字图像中，每个像素点的亮度，称为"灰度"。

了解了"像素"和"灰度"的概念之后，一幅二维像素为 $m \times n$ 的数字图像可以表示为一个 $m \times n$ 矩阵，矩阵中每个元素的值为其所对应的像素的灰度。

下面介绍几种常见的数字图像类型。

- 黑白图像：图像的每个像素只能是黑或白，没有中间的过渡，故又称为二值图像，如图1-2所示。二值图像的像素值为0，1。

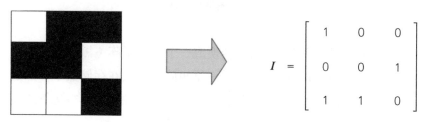

图1-2　黑白图像及其矩阵表示

- 灰度图像：灰度图像是指每个像素的信息由一个量化的灰度级来描述的图像，没有彩色信息，如图1-3所示。

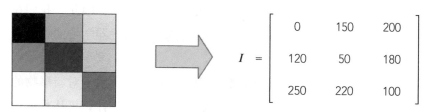

图1-3　灰度图像及其矩阵表示

- 彩色图像：彩色图像是指每个像素的信息由RGB三原色构成的图像，其中RGB是由不同的灰度级来描述的，如图1-4所示。

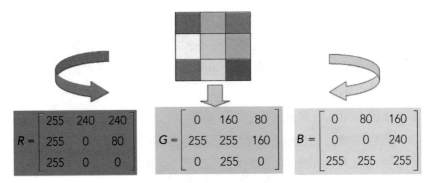

图1-4 彩色图像及其矩阵表示

数字图像处理就是将图像转换成一个数据矩阵（黑白图像、灰度图像为二维矩阵，RGB图像为三维矩阵）存放在存储器中，然后利用计算机或其他的大规模集成数字器件对图像矩阵进行运算或变换的技术。

1.1.2 深度学习的基础知识

（1）机器学习

"深度学习"是"机器学习"领域的一种技术，因此，我们在学习"深度学习"的相关理论之前，首选需要对机器学习的相关理论进行介绍。

所谓机器学习，是从已知数据中去发现规律，用于对新事物的判别或未知事物的预测。简言之，机器学习就是让计算机从数据中受到启发，来彰显数据背后的真实意义，把无序的数据转换成有用的信息。

机器学习和人的学习有类似之处。人类在成长、生活过程中积累了很多的历史与经验。人类定期地对这些经验进行"归纳"，获得了生活的"规律"。当遇到未知的问题或者需要对未来进行"推测"的时候，人类使用这些"规律"，对未知问题与未来进行"推测"，从而指导自己的生活和工作。机器学习中的"训练"与"预测"过程可以对应到人类的"归纳"和"预测"过程，如图1-5所示。通过这样的对应，我们可以发现，机器学习的思想并不复杂，它仅仅是对人类在生活中学习成长过程的一个模拟。女排世界冠军、著名排球教练郎平在总结成功之道时说过："积累多了就是经验，经验多了可以应变，应变多了就是智慧。"人类智慧是对生活的感悟，是对经历与经验的积淀与思考，这与机器学习的思想何其相似——通过数据获取规律，应对变化，预测未知。

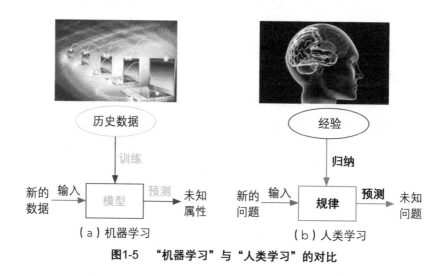

图1-5 "机器学习"与"人类学习"的对比

机器学习的本质是从数据中确定模型参数并利用训练好的参数进行数据处理，其基本实现流程如图1-6所示。

图1-6 机器学习的基本实现流程

从数学角度看，机器学习的目标是建立起输入数据与输出的函数关系，如果用x代表输入数据，用y代表输出，机器学习就是建立$y=F(x)$的过程。$F(x)$就是我们所说的模型，对于用户来说，模型就相当于一个黑箱，用户无需知道其内部的结构，只要将数据输入到模型中，它就可以输出对应的数值。那么，怎么确定$F(x)$呢？它是通过大量的数据训练得到的。在训练时，我们定义一个损失函数$L(x)$（如真实的输出与模型输出的偏差），通过数据反复迭代，使损失函数$L(x)$达到最小，此时的$F(x)$就是所确定的模型。

在学习机器学习的相关知识和研究机器学习相关理论的过程中，我们经常会遇到一些专业的概念和术语，下面我们就给出常见概念及术语的通俗易懂的解释。

- **训练样本**：用于训练的数据。
- **训练**：对训练样本的特征进行统计和归纳的过程。
- **模型**：总结出的规律、判断标准，迭代出的函数映射。
- **验证**：用验证数据集评价模型是否正确的过程。就是用一些样本数据，代入到模型中去，看它的准确率如何。
- **超参数**：是在开始深度学习过程之前设置值的参数，而不是通过训练得到的参数。在深度学习中常见的超参数有学习速率、迭代次数、层数、每层神经元的个数等。超参数有时也被业内人士简称为"超参"。

- **参数**：模型可以根据数据自动学习得出的变量，在深度学习中常见的参数有权重、偏置等。
- **泛化**：是指机器学习算法对新样本的适应能力。

在机器学习中，一般将数据集划分为两大部分：一部分用于模型训练，称作训练集（Train Set）；另一部分用于模型泛化能力评估，称作测试集（Test Set）。在模型训练阶段会将训练集再次划分为两部分：一部分用于模型的训练；而另外一部分用于交叉验证，称作验证集（Validation Set）。具体关系如图1-7所示。

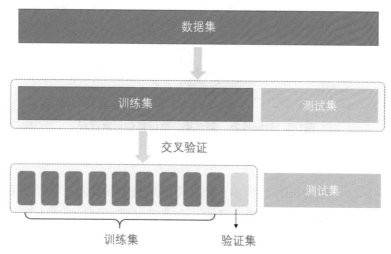

图1-7 训练集、验证集和测试集的示意图

对训练集、测试集、验证集我们可以有如下的理解：学生课本中的例题即训练集，老师布置的作业、考试等都算作是验证集，高考为测试集。学生上课过程中学习知识以及课上做练习题就是模型训练的过程，如图1-8所示。

图1-8 对训练集、测试集、验证集的形象理解

（2）深度学习

深度学习（如图1-9所示）通常指的是基于深度人工神经网络架构的机器学习，它是机器学习的一个重要发展方向。深度人工神经网络是一种包含两层以上隐藏层的多层神经网络，如图1-10所示。

深度学习出现以后，对计算机视觉的发展起到了极大的促进作用。拿人脸识别来说，在深度学习出现之前，一个普通的识别算法，比如使用颜色、纹理、形状或者局部特征，可以将各种特征糅合在一起，人脸识别率一般只能做到94%～95%。很多的实际系统，比如以前用的人脸考勤，可能只能做到90%～92%的识别率。深度学习出现以后，直接将识别率提高到了99.5%以上。毫不夸张地说，深度学习使我们进入了一个"刷脸"的时代。

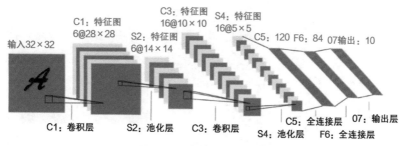

图1-9 深度学习概念示意图

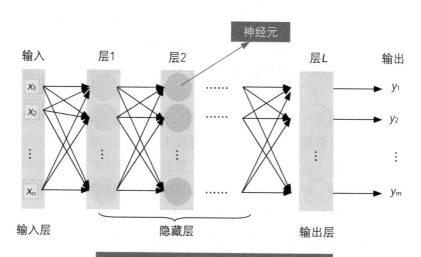

图1-10 深度人工神经网络示意图

深度学习是一种特殊的神经网络，是机器学习的一个分支，而机器学习又是人工智能的一个分支。人工智能、机器学习、深度学习之间的关系如图1-11所示。

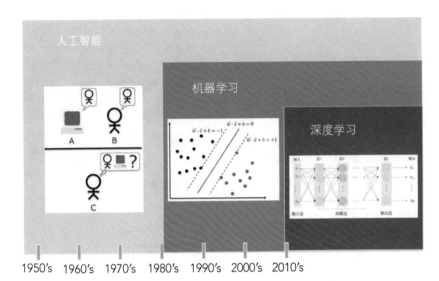

图1-11　人工智能、机器学习、深度学习之间的关系

人工智能是一门基于计算机科学、生物学、心理学、神经科学、数学和哲学等综合学科的科学和技术。机器学习是实现人工智能的一种途径，旨在通过挖掘分析大量历史数据找到不同数据项之间的映射函数，并利用该函数进行结果预测。深度学习是一种实现机器学习的技术，它适合处理大规模数据。

卷积神经网络是一类包含卷积计算且具有深度结构的前馈神经网络。典型的卷积神经网络结构如图1-12所示。从功能上分为特征提取部分和分类部分：特征提取部分包含卷积层、激活函数、池化层三部分，分类部分包括全连接层。

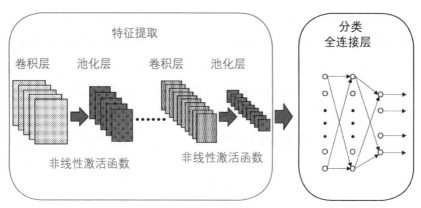

图1-12　典型的卷积神经网络的结构

　　让卷积神经网络大放异彩的当属Image Net挑战赛。Image Net挑战赛是由斯坦福大学计算机科学家李飞飞组织的年度机器学习竞赛。在比赛中，参赛队伍会得到包含超过一百万张图像的训练数据集，每张图像都被手工标记一个标签，大约有1000种类别。参赛队伍使用开发的图像分类程序对未包含在训练集内的其他图像进行分类，程序可以进行多次猜测，如果前五次猜测中有一次与人I选择的标签相匹配，则被判为成功。在2010年首届Image Net挑战赛上，冠军团队采用"特征提取+支持向量机"的方法，其分类错误率为28.2%。2011年，冠军参赛队伍对特征提取方法进行了优化和改进，将分类错误率降低到了25.7%。我们如果将Image Net挑战赛所用的数据集交给"人眼"去分类，那错误率又是多少呢？答案是5.1%。传统的方法产生"瓶颈"的原因是：无法提取用于图像分类的"有效特征"。例如，如何识别图像中的物体是苹果，根据形状还是根据颜色？如何表达"物体有没有腿"这样抽象的概念？2012年的Image Net挑战赛是具有里程碑意义的一届。Alex Krizhevsky和他的多伦多大学的同事在该项比赛中首次使用深度卷积网络，将图片分类的错误率一举降低了10个百分点，正确率达到84.7%。自此以后，Image Net

挑战赛成为卷积神经网络比拼的舞台，各种改进型的卷积神经网络如雨后春笋，层出不穷。2015年，微软研究院的团队将错误率降低到了4.9%，首次低于人类。到了2017年，Image Net挑战赛的冠军团队将图像分类错误率降低到了2.3%，这也是Image Net挑战赛举办的最后一年，因为卷积神经网络已经将图像分类问题解决得很好了。

近年来，卷积神经网络之所以展现出强势的发展势头，是因为卷积神经网络可以自主地提取输入信息的"有效特征"，并且进行层层递进抽象。卷积神经网络之所以能够提取输入信息的"有效特征"，是因为其包括多个卷积层。图1-13展示了获得2012年Image Net挑战赛冠军的AlexNet，这个神经网络的主体部分由五个卷积层和三个全连接层组成，该网络的第一层以图像为输入，通过卷积及其他特定形式的运算从图像中提取特征，接下来每一层以前一层提取出的特征作为输入并进行卷积及其他特定形式的运算，便可以得到更高级一些的特征。经过多层的变换之后，深度网络就可以将原始图像转换成高层次的抽象特征。

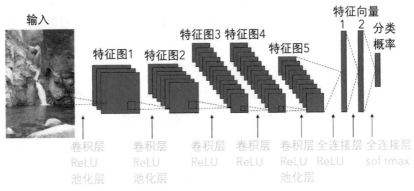

图1-13　AlexNet 网络示意图

大数据和高性能硬件是推动卷积神经网络发展的两个重要的助推器。深度学习是一门数据驱动的科学，卷积神经网络本身的性能和训练数据的总量、多样性有着密不可分的联系。一个"见多识广"的卷积神经网络，对于问题的处理往往更加优秀。如今，由于互联网技术的飞速发展，网络、设备、系统互联互通，产生了大量数据，再加上分布式存储的发展，使数据爆炸性增长，"大数据"的理念已渗透到社会和生活的方方面面。做一个形象的比喻，数据工程的迅猛发展就像燃料一样，推动着卷积神经网络这枚火箭不断发展。卷积神经网络的发展与硬件的支持也是分不开的。卷积神经网络的训练过程需要大量的计算资源，而越深层越复杂的卷积神经网络对硬件资源的需求就越大。这种繁重的计算任务是普通CPU难以胜任的，更强大的GPU（图形处理器）的出现和广泛应用也极大地促进了卷积神经网络的发展。以大家熟知的AlexNet为例，为了完成Image Net分类模型的训练，使用一块16核的CPU需要一个多月才能训练完成，而使用一块GPU则只需两三天，训练效率极大提高。Google公司研发了人工智能专用芯片TPU来进行并行计算，它是为深度学习特定用途特殊设计的逻辑芯片，使得深度学习的训练速度更快。

（3）迁移学习

在实际工程应用中，构建并训练一个大规模的卷积神经网络的过程是比较复杂的，需要大量的数据以及高性能的硬件。我们是不是可以"另辟蹊径"，将训练好的典型的网络稍加改进，用少量的数据进行训练，使之可以应用呢？这就是我们下面主要介绍的迁移学习。在我们的生活当中，有很多"举一反三""触类旁通"的例子，比如说学会了骑自行车，就很容易学会骑摩托车，学会了用C语言编程，就很容易学会用MATLAB语言编程，这都与"迁移学习"有异曲同工之妙。所谓迁移学习（Transfer Learning）是一种机器学习方法，它把一个领域（即源领域）的知识，迁移到另外一个领域

（即目标领域），使得目标领域能够取得更好的学习效果。

在机器学习领域，迁移学习有很多种，我们在此主要介绍基于共享参数的迁移学习，如图1-14所示。基于共享参数的迁移学习研究的是如何找到源数据和目标数据的空间模型之间的共同参数或者先验分布，从而可以通过进一步处理达到知识迁移的目的。该种迁移学习的前提是学习任务中的每个相关模型会共享一些相同的参数或者先验分布。也就是说，并非所有的"迁移"都是有用的，要让"迁移"发挥作用，学习任务之间至少需要相互关联。

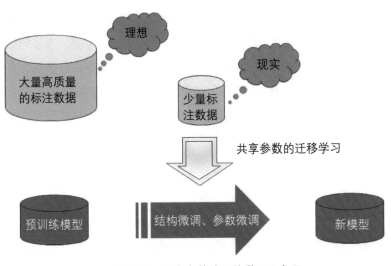

图1-14　共享参数的迁移学习示意图

在我们的生活中，很多时候都会用到迁移学习。比如说，如图1-15所示，在汉字的学习过程中，我们记住了"老"字，那么在学"孝"字的时候就简单得多，因为把"老"字下面的"匕"换成"子"，就变成了"孝"；再比如说，在"帅"字上加一横，就变成了"师"字，因此，学会写"帅"字之后，也很容易学会写"师"字。这些不都是迁移学习的体现吗？

图1-15 学习汉字时的迁移学习实例

　　从心理学角度上讲，对某一项技能的学习能够对其他技能产生积极影响——这种效应即为迁移学习。因此，生活中很多"触类旁通"的现象都可以用这一效应来解释。迁移学习不仅存在于人类智能，对人工智能同样如此。如今，迁移学习已成为人工智能的热点研究领域之一，具有广泛的应用前景。

　　下面，我们从卷积神经网络的结构及其仿生学原理进一步理解"迁移学习"。我们知道卷积神经网络在进行物体识别的过程中可以自动提取特征并根据特征进行分类。假设我们通过大量样本的训练，已经使某一卷积神经网络具有识别汽车的能力，这个模型很可能已经能够"认知"轮子等特征，在此基础上，我们只需要对该网络进行微调并进行采用少量样本的自行车训练，便能够使这个网络在短时间内具备识别自行车的能力。从仿生学的角度来看，卷积神经网络是一种模仿大脑的视觉皮层工作原理的深度神经网络。卷积神经网络提取的特征是一层层抽象的，越是底层的特征越基本——底层的卷积层"学习"到角点、边缘、颜色、纹理等共性特征，越往高层越抽象、越复杂，到了顶层附近学习到的特征可以大概描述一个物体了，这样的抽象特征，我们称之为语义特征。在一些任务中，可用于训练的数据样本很少，如果从头训练一个卷积神经网络模型，效果不是很好。在这种情况下，就可以利用别人已经训练好的卷积神经网络模型，然后尝试改变该模型语义层的参数即可，如图1-16所示。

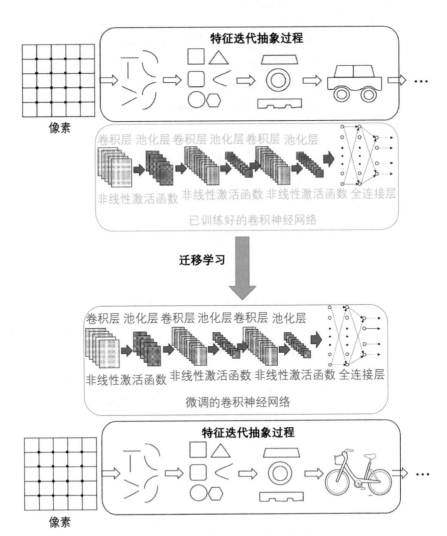

图1-16　迁移学习直观理解示意图

从统计学的角度看，即使不同的数据，也有一部分共性。如果把卷积神经网络的学习过程粗略分成两部分，那么第一部分重点关注共性特征，第二部分才是具体任务。从这个角度来看，其实很多数据或任务都是相关的，只要能先学习到这些任务或数据之间的共性，然后再泛化到每一个具体任务就简单了很多。所以，很多时候，迁移学习也常和多任务学习一起被提到。

1.2 目标检测技术及其评价指标

1.2.1 什么是目标检测技术

目标检测是指对图像中感兴趣物体的类别和位置进行判断的过程，在自动驾驶、安防监控、智能机器人、航空航天、医疗诊断等领域应用广泛。

我们常见的手机人脸解锁就是用了目标检测这项功能，定位人脸，然后识别人脸是否为手机主人，从而解锁手机。在安防领域，目标检测技术可以实时对街道人群的人脸进行检测，追捕逃犯变得更加容易，让犯罪分子无处可逃。自动驾驶技术发展迅猛，开始在多地落地试验应用，这也离不开目标检测技术。自动驾驶车辆能行驶的前提是能够实时了解道路车道线在哪里，路上有没有行人、在什么位置，有了这些信息之后才能成功躲避障碍、实施路径规划。可见目标检测技术是自动驾驶技术的一个核心。

在数字图像处理领域，目标分类、检测与分割是常用的技术。它们三者有哪些联系和区别呢？

类脑智能目标检测原理及应用

目标分类，解决的是图像中的物体"是什么"的问题。

目标检测，解决的是图像中的物体（可能有多个物体）"是什么""在哪里"这两个问题。

目标分割，将目标和背景分离，找出目标的轮廓线。

目标分类、检测与分割三者的联系与区别如图1-17所示。

目标分类

目标检测

目标分割

是不是大熊猫？　有哪些动物？位置？　大熊猫有哪些像素？

图1-17　目标分类、检测与分割三者的联系与区别

1.2.2　目标检测的评价指标

衡量目标检测性能优劣的指标一方面要体现其分类特性（如准确率、精确率、召回率），另一方面要体现其定位特征。

准确率是用分类正确的样本数除以所有的样本数所得的值，这个概念很好理解。下面我们着重介绍精确率和召回率。

假设现在有这样一个测试集，测试集中的图片只由鹿和马两种图像组成，假设你的分类系统最终的目的是：能取出测试集中所有鹿的图像，而不是马的图像。测试集中鹿的图像为正样本、马的图像为负样本，我们进行如下定义：

- *tp*（True Positives）：正样本被正确识别为正样本，即鹿的图像被正确地识别成了鹿的图像。

18

- *tn*（True Negatives）：负样本被正确识别为负样本，即马的图像被正确地识别成了马的图像。
- *fp*（False Positives）：负样本被错误识别为正样本，即马的图像被错误地识别成了鹿的图像。
- *fn*（False Negatives）：正样本被错误识别为负样本，即鹿的图像被错误地识别成了马的图像。

精确率（Precision）就是在识别出来的图片中，*tp*所占的比例，即被识别出来的鹿的图像中，真正的鹿的图像所占的比例。

$$精确率 = \frac{tp}{tp+fp}$$

召回率（Recall）是测试集中所有正样本中，被正确识别为正样本的比例。也就是本假设中，被正确识别出来的鹿的图像个数与测试集中所有鹿的图像个数的比值。

$$召回率 = \frac{tp}{tp+fn}$$

对于定位特性，我们常用交并比（*IoU*）来评判。交并比是计算两个边界框（预测框与真实框）交集和并集之比，它衡量了两个边界框的重叠程度。一般约定，在计算机检测任务中，如果*IoU*≥0.5，就说检测正确。*IoU*越高，边界框越精确。如果预测框和真实框完美重叠，*IoU*就是1，因为交集就等于并集。交并比计算方式如图1-18所示。其中*A*表示预测框的面积，*B*表示真实框的面积，*IoU*是通过计算预测框与真实框的交集与并集的比值来反映预测的边框与真实的边框的重叠程度。

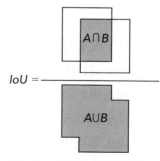

图1-18　交并比的计算示意图

1.3 目标检测的研究进展

目标检测可分为传统目标检测和基于深度学习的目标检测两种方法。2012年之前，目标检测主要利用Harr特征、LBP（Local Binary Pattern）特征、HOG（Histogram of Oriented Gradient）特征等传统的手工特征和VJ（Viola Jones）、DPM（Deformable Part-based Model）等方法。传统目标检测算法准确率不高，效率较低，且受到所设计的手工特征质量的影响。2012年，Krizhevsky等提出了深度卷积神经网络AlexNet并获得了2012年ILSVRC（ImageNet Large Scale Visual Recognition Challenge）比赛的图像分类冠军，自此利用深度学习方法解决计算机视觉相关问题成为了主流。基于深度学习的目标检测算法可分为两阶段目标检测和单阶段目标检测两个研究分支。两阶段目标检测算法由候选区域提取（一阶段）和目标分类、边框回归（二阶段）组成；单阶段目标检测算法没有候选区域提取阶段，因此检测速度快，但检测精度没有两阶段目标检测算法高。

1.3.1 传统视觉目标检测的研究进展

早期由于缺乏有效的图像表达方法，大多数传统视觉目标检测算法基于人工构建的手工特征。1998年，Papageorgiou等提出了Harr特征，如图1-19（a）所示。Harr特征值的计算方法为将白色矩形的像素和与黑色矩形的像素和相减，计算得到的特征值反映了灰度图像中目标的明暗变化情况。Harr特征对光照变化的鲁棒性很差。2002年，Ojala等提出了针对目标纹理特征的LBP特征提取算法。LBP特征的计算方法如图1-19（b）所示，将模板中心周围8个点的像素值依次与中心点的像素值进行比较，大于等于中心点像素值的取值为1，小于中心点像素值的取值为0。从模板的左上角开始，按顺时针组成的二进制数对应的十进制数即为模板中心对应的LBP特征值。2005年，Dalal等提出了针对目标边缘特征的HOG特征描述子，如图1-19（c）所示。HOG特征描述子通过计算图像局部区域的梯度方向直方图构成特征，反映了图像局部区域的梯度方向与梯度强度分布特性。HOG特征描述子对几何与光照变化具有良好的不变性，但对噪点非常敏感。

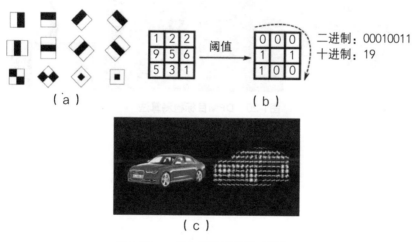

(a)   (b)

(c)

图1-19 一些人工设计的手工特征

2001年，Viola和Jones提出了一种用于人脸检测的VJ检测器。VJ检测器利用了Harr特征，结合了积分图像、Adaboost和级联分类器等技术。VJ检测器的效率高，检测速度快，因此仍在一些小型设备中使用。2008年，Felzenszwalb等提出了一种基于部件的DPM目标检测算法，如图1-20所示。DPM算法采用改进后的HOG特征、SVM分类器和滑动窗口进行目标检测，通过综合根滤波器（Root Filter）和部件滤波器（Parts Filter）的匹配得分确定检测结果。DPM算法获得

PASCAL VOC 2007～2009年目标检测冠军，作者Felzenszwalb于2010年被PASCAL VOC授予"终身成就奖"。基于DPM算法的模型在深度学习时代之前是较成功的目标检测算法之一。

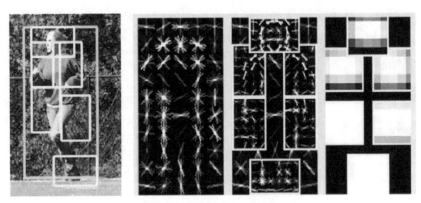

图1-20　DPM目标检测算法

1.3.2　基于深度学习的视觉目标检测研究进展

（1）RCNN

2014年，Girshick等提出了基于区域的卷积神经网络检测器RCNN。RCNN检测器首先利用选择性搜索（Selective Search）方法提取候选区域（Region Proposal），然后将提取的每个候选区域放缩为固定尺寸（227×227）的图像并输入到卷积神经网络（AlexNet）中提取特征，最后利用线性支持向量机（Support Vector Machine，SVM）对每幅候选区域图像中的目标进行分类，并利用边框回归器对边界框进行精准预测。在VOC07数据集上，RCNN与DPM-v5相比，mAP（mean Average Precision）从33.7%提升到了58.5%。由于

RCNN需要提取大量候选区域，且每个候选区域图像均需输入卷积神经网络进行特征提取，所以它会消耗大量计算资源，检测速度慢。

（2）SPPNet

2014年，何恺明等提出了空间金字塔池化网络（Spatial Pyramid Pooling Network，SPPNet），在卷积神经网络中加入空间金字塔池化，能够使SPPNet产生固定大小的表示，无需考虑输入图像的尺寸及比例。SPPNet仅需对整张输入图片计算一次特征图，即可对任意尺寸的区域特征进行池化，产生固定大小的表示用于训练目标检测器。SPPNet避免了重复计算卷积特征，在不牺牲检测精度（VOC07，mAP为59.2%）的前提下比RCNN的检测速度快了20多倍。

（3）Fast RCNN

2015年，Girshick提出了Fast RCNN检测器。Fast RCNN从整幅输入图像中提取特征并通过感兴趣区域（RoI）池化层获取固定尺寸的特征，将全连接层的输出进行SVD分解，利用归一化指数层对目标进行分类，并利用线性回归层对目标的边界框进行回归。在VOC07数据集上，Fast RCNN与RCNN相比，mAP从58.5%提升到了70%，检测速度比RCNN快了200多倍。由于Fast RCNN检测器仍利用选择性搜索方法提取候选区域，故该过程仍然非常耗时。

（4）Faster RCNN

2015年，Ren等提出了Faster RCNN检测器，如图1-21所示。Faster RCNN检测器将Fast RCNN检测器中的利用选择性搜索方法提取候选区域替换为利用候选区域网络（Region Proposal Network，RPN）提取候选区域。Faster RCNN是首个端到端、近实时的深度学习目标检测器。在VOC07数据集上，Faster RCNN与Fast RCNN相比，mAP从70%提升到了73.2%。从RCNN到Faster RCNN，目标检测器中候选区域提取、特征提取、边界框回归等独立的部分逐渐被集成到一个统一的、端到端学习的网络中。

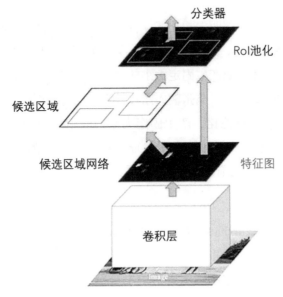

图1-21　Faster RCNN目标检测算法

（5）特征金字塔网络

2017年，Lin等提出了特征金字塔网络（Feature Pyramid Network，FPN），如图1-22所示。FPN是一种多尺度的目标检测算法，其包含两条通路：一条通路是自底向上的卷积神经网络计算多个尺度的特征层，即下采样（Down Sampling）；另一条通路是自顶向下的从更高层级将粗略特征图上采样（UpSampling）到高分辨率特征。两条通路通过1×1的卷积操作进行横向连接以增强特征中的语义信息，解决了浅层与深层之间的结合问题。FPN成为了许多目标检测器的基本组成部分。

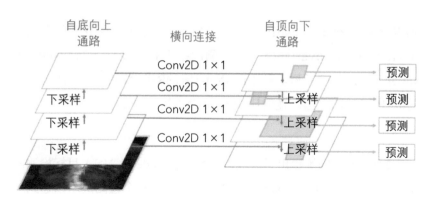

图1-22　FPN目标检测网络

（6）R-FCN

2016年，Dai等提出了基于区域的全卷积网络（Region-based Fully Convolutional Network，R-FCN），如图1-23所示。R-FCN将全卷积网络（Fully Convolutional Network，FCN）应用于Faster RCNN实现整个网络的计算共享，极大地提高了检测速度；提出了位置敏

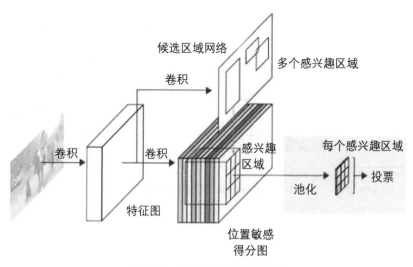

图1-23　R-FCN目标检测网络

感得分图（Pose Sensitive Score Map）平衡分类网络平移不变性（Translation-invariance）与检测网络平移可变性（Translation-variance）之间的矛盾。基于ResNet-101的R-FCN在VOC07测试集上的mAP为83.6%，检测速度比Faster RCNN快2.5~20倍。

（7）Cascade RCNN

2018年，Cai等提出了级联RCNN（Cascade RCNN）目标检测网络，如图1-24所示。Cascade RCNN通过级联几个检测网络以达到优化预测结果的目的，所级联的几个检测网络是基于不同*IoU*阈值确定的正负样本训练得到的。Cascade RCNN作为级联版本的Faster RCNN，将两阶段目标检测算法的精度提升到了新的高度。

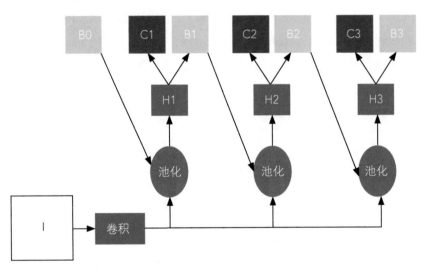

图1-24　Cascade RCNN目标检测网络

（8）YOLO

2016年，Redmon等提出了YOLO（You Only Look Once）目标检

测算法。YOLO算法将目标检测作为回归问题进行解决。YOLO将输入图像划分成$s \times s$的网格，若某个目标的中心落在某个小网格中，则该网格负责对该目标进行预测。每个小网格预测目标类别、目标边界框位置、目标置信度分数。由于不需要候选区域提取阶段，YOLO能够实时以45 FPS运行。YOLO对小目标的检测效果欠佳。由于每个小网格只能预测一个目标类别，当多个类别目标的中心同时落在同一个小网格中时无法进行预测。

（9）SSD

2016年，Liu等提出了SSD（Single Shot Detector）目标检测算法。SSD算法取消了全连接层，从多个不同卷积层中提取特征，每层特征图中的锚框尺寸和数量均不同，每个锚框中包含目标的类别信息和位置信息，根据所有锚框的信息，最终利用非极大值抑制（Non-Maximum Suppression，NMS）得到最终的检测结果。SSD是Anchor-based单阶段目标检测算法中首个检测精度可以达到Faster RCNN水平、检测速度比YOLO快的端到端模型。SSD对小目标的检测效果较差。

（10）YOLOv2

2017年，Redmon等提出了YOLOv2目标检测算法。YOLOv2将主干网络由GoogLeNet替换成了DarkNet-19，移除了YOLO中的dropout层，对每个卷积层进行批归一化（Batch Normalization）处理，提升了模型的收敛速度。YOLOv2利用WordTree将COCO检测数据集与ImageNet分类数据集进行混合，并使用联合训练算法进行训练，训练得到的模型能够同时对9000个目标种类进行检测。先使用分辨率为224×224的样本进行训练，再使用分辨率为448×448的高分辨率样本进行微调，提升目标检测精度。YOLOv2采用先验框预测目标边界框，先验框可利用K-means聚类获取。

（11）YOLOv3

2018年，Redmon等提出了YOLOv3目标检测网络，如图1-25所示。YOLOv3的主干网络采用了DarkNet53，采用3个不同尺度的特征图进行目标检测，提高了对小目标的检测精度。YOLOv2采用K-means聚类得到先验框尺寸，YOLOv3延用这种方法聚类得到9种尺度的先验框，每种下采样尺度设置3种尺度的先验框。在最小的特征图（19×19）上用尺寸较大的先验框，检测较大的目标；在最大的特征图（76×76）上用尺寸较小的先验框，检测较小的目标。YOLOv3分类不再采用归一化指数（Softmax），分类损失采用二分类交叉熵损失（Binary Cross-entropy Loss）。

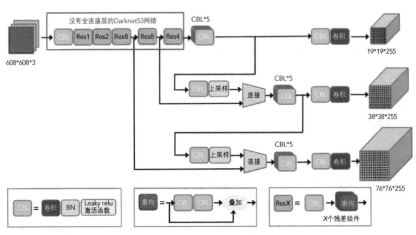

图1-25　YOLOv3目标检测网络

（12）YOLOv4

2020年，Bochkovskiy等提出了YOLOv4目标检测网络，如图1-26所示。YOLOv4在输入端采用了Mosaic数据增强、交叉小批归一化（Cross mini-Batch Normalization，CmBN）、自对抗训练（Selfadversarial Training）；主干网络采用了CSPDarknet53、Mish激活函数和Dropblock；在主干网络与输出层之间插入了SPP模块、FPN+PAN结构；输出预测层的机制与YOLOv3相同，采用CIOU_Loss作为目标检测任务的损失函数，并采用DIOU_nms对预测框进行筛选，对于重叠目标的检测，DIOU_nms效果优于传统nms。大多数目标检测算法需要多块GPU进行模型训练，YOLOv4可在单块GPU上进行训练，降低了模型训练的门槛。

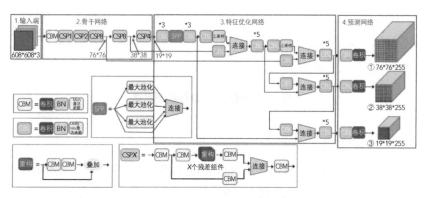

图1-26　YOLOv4目标检测网络

（13）YOLOv5

2020年，Ultralytics公开了YOLOv5（如图1-27所示）源代码。YOLOv5目标检测网络包含4个版本，分别为YOLOv5s、YOLOv5m、YOLOv5l、YOLOv5x，四种网络的深度和宽度是不同的。YOLOv5的输入端采用了Mosaic数据增强、自适应锚框计算及自适应图片缩放；主干网络由Focus结构和CSP结构组成，与YOLOv4不同的是，YOLOv4仅在主干网络中使用CSP结构，YOLOv5在主干网络中使用CSP1_X结构，在主干网络与输入层之间使用CSP2_X结构；在主干网络与输出层之间使用FPN+PAN结构；输出预测层采用GIOU_Loss

作为目标检测任务的损失函数。YOLOv5的灵活性与检测速度远强于YOLOv4，在模型的快速部署上也有很强的优势。

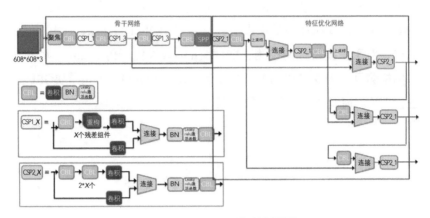

图1-27 YOLOv5目标检测网络

（14）CornerNet

2018年，Law等提出了CornerNet目标检测网络，如图1-28所示。CornerNet中没有锚框的概念，通过检测目标框左上和右下两个关键

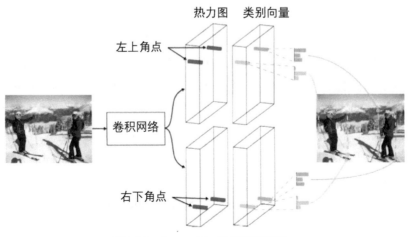

图1-28 CornerNet目标检测网络

点得到预测框，能够克服Anchor-based目标检测方法面临的正负样本不均衡、引入更多超参数（锚框的数量、尺寸、宽高比）等问题。CornerNet是Anchor-free的单阶段目标检测算法的开山之作，在COCO数据集上实现了AP为42.1%，该精度优于同时期所有单阶段目标检测算法。

（15）CenterNet

2019年，Zhou等提出了CenterNet目标检测网络。CenterNet利用目标边界框的中心点检测目标，是端到端的网络。该网络利用关键点估计寻找中心点并且回归到目标的其他特性，如尺寸、3D位置、朝向、位姿，如图1-29所示。CenterNet模型的训练采用标准的监督式学习，不需要非极大值抑制等后处理。CenterNet在COCO数据集上实现了AP为47.0%，比同时期的单阶段检测器的AP高出4.9%。CenterNet还可以应用于姿态估计和3D目标检测。CenterNet的不足之处在于当两个同类目标离得很近时，中心点的Ground Truth在下采样后可能发生重叠，将两个目标当作一个目标进行训练；在模型预测阶段，如果两个同类目标在下采样后发生重叠，网络也只能检测出一个目标的中心点。

图1-29　CenterNet利用目标边界框中心点检测目标并推断目标的其他特性

（16）FCOS

2019年，Tian等提出了全卷积单阶段目标检测（Fully Convolutional

One-Stage Object Detection，FCOS）算法，如图1-30所示。FCOS采用了特征金字塔网络（FPN），每个Head（头部）输出为三个分支，分别为：分类分支、Center-ness分支和回归分支。分类损失函数采用Focal Loss，回归损失函数采用IOU Loss，引入Center-ness降低误检率。FCOS可作为两阶段目标检测器中的候选区域网络（RPN），性能优于Anchor-based的RPN算法。FCOS经过修改可扩展应用于实例分割、关键点检测等其他计算机视觉任务中。

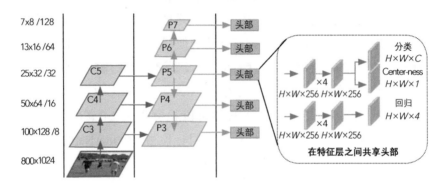

图1-30　FCOS目标检测网络

1.3.3　总结与展望

本节回顾了传统视觉目标检测算法及基于深度学习的视觉目标检测算法。传统视觉目标检测算法的检测效果受到所设计的手工特征质量的影响，对光照变化、遮挡、噪声等鲁棒性较差，泛化能力较弱，应用的局限性大。基于深度学习的视觉目标检测算法中，单阶段的目标检测算法比两阶段目标检测算法的检测速度快，但检测精度通常没有两阶段目标检测算法高。基于深度学习的视觉目标检测算法的抗干扰能力比传统视觉目标检测算法强。

对于目标检测技术，我们做出如下展望。

① 单阶段目标检测器检测速度快，但精度是瓶颈；两阶段目标检测器检测精度高，但检测速度较慢。如何结合单阶段目标检测器与两阶段目标检测器的优势仍然是一个巨大的挑战。

② 视频目标检测存在运动模糊、视频散焦、剧烈目标运动、小目标、遮挡等问题。深入研究移动目标和更复杂的数据源（如视频）中的目标检测是未来研究的重点之一。

③ 弱监督目标检测（Weakly Supervised Object Detection，WSOD）旨在利用少量完全标注的图像来实现大量非完全标注图像的检测，因此开发弱监督目标检测方法是有待进一步研究的重大问题。

④ 在自动驾驶等领域迫切需要3D目标检测算法，物体遮挡、截断、动态环境鲁棒性等问题需要进一步研究。

⑤ 显著性目标检测（Salient Object Detection，SOD）旨在突出图像中的显著性目标区域。在视频的每一帧中给出显著性目标区域，能够帮助准确检测视频中的目标。因此，对于高级识别任务和有挑战性的检测任务，突出目标检测是一个关键的预备过程。

⑥ 为了加快目标检测速度，使算法能够在移动设备上流畅运行，需要对轻量化的目标检测算法进行研究。

⑦ 对大场景中的小目标进行检测长期以来一直是一个挑战。融入视觉注意力机制和设计高分辨率轻量化网络是一些可能的研究方向。

⑧ 具有多个数据源/模式（如RGB-D图像、3D点云、激光雷达）的目标检测对自动驾驶和无人机应用而言至关重要。如何融合多个数据源/模式的信息以提高检测效果需要进一步研究。

1.4 目标检测技术的难点

　　目标检测就是找出图像中所有感兴趣的目标（物体），确定它们的种类和位置。如图1-31所示，由于各类物体有不同的外观、形状、姿态，加上成像时光照、遮挡等因素的干扰，目标检测一直是机器视觉领域最具有挑战性的问题之一。此外，目标检测的难点还包括：目标可能出现在图像的任何位置，目标有各种不同的大小，目标可能有各种不同的形状。

图1-31　目标检测的难点问题

　　基于深度神经网络的目标检测的准确率相比之前的技术有了飞跃性的进步。但深度神经网络具有某些特定的脆弱性，非常容易受到"攻击"，仅需对图像添加很轻微的扰动，在人类视觉无法察觉的情况下，就可以造成目标检测的严重错误。

　　在国外，科研工作者还做了这样一项实验，如图1-32所示，在表示"停止"的速度牌上稍加"装饰"，便被深度神经网络检测为"限速45km/h"，由此可见，基于深度神经网络的目标检测极易受到"攻击"。

深度神经网络将贴有黑白胶条的"停止"标志误识别为"限速45km/h"

图1-32 基于深度神经网络的目标检测易被"攻击"

2014年，Ian J. Goodfellow等人研究发现，对于一张熊猫的图片，增加人为设计的微小噪声之后，人眼对扰动前后两张图片基本看不出区别，而人工智能模型却会以99.3%的概率将其错判为长臂猿，如图1-33所示。

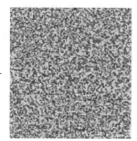

原始图像以60%的置信度被归为"熊猫"　　微小的对抗性干扰　　不易察觉修改的图像，以99%的置信度被归为长臂猿

图1-33 噪声对目标检测效果的影响

由此可见，AI对抗攻击给目标检测也带来了巨大的挑战。如何在目标检测过程中抵御AI攻击，是智能目标检测技术的研究重点和发展趋势之一。

1.5 AI对抗攻击的内涵与研究状况

　　随着人工智能技术的快速发展，机器学习、深度学习的算法被应用到许多复杂领域，如目标检测、自然语言处理、人脸识别等，在这些领域机器已经达到了和人类相似的准确性。但是有研究发现，基于深度学习的目标检测很容易受到微小输入扰动的干扰，这些干扰人类无法察觉却会引起机器的错误。研究对抗样本对于提高深度学习算法安全性有着重要意义。

　　目标检测领域目前主流的方法是基于深度神经网络的目标检测，其识别的准确率相比之前的技术有了飞跃性的进步。但是，深度神经网络具有某些特定的脆弱性。笔者曾经做过一个实验：输入一幅金鱼的图片，采用GoogLeNet对其进行分类；添加椒盐噪声后，再用GoogLeNet对其进行分类，分类的效果如图1-34所示。通过图1-34可知，金鱼（goldfish）图片添加了椒盐噪声后，便被GoogLeNet识别成了水母（jellyfish）。

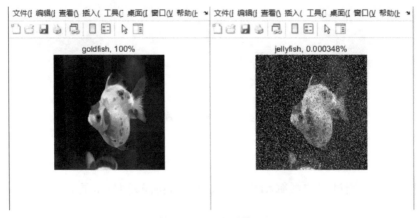

图1-34　存仕AI对抗攻击时的目标检测效果

1.5.1 AI对抗攻击的内涵

AI对抗攻击的内涵如下：

① 对抗样本空间：由模型训练所得到的模型判断边界（模型分类曲线）与真实系统边界（真实决策边界）的不重合区域即为对抗样本空间。

② 对抗攻击：构造对抗样本的过程，即找到一种高效的方法去生成这个对抗空间的样本，使得分类模型对新构造的样本产生错误的分类判断，从而实现对抗模型的攻击。

在对抗深度学习模型的过程中，按照攻击者对目标模型内部细节的了解程度，可以分为白盒攻击、黑盒攻击两种。两者的区别在于：白盒攻击者能够获得深度学习模型的参数架构和训练集等信息；而黑盒攻击者则受到更多约束，往往只能通过查询访问模型，并且只能获得模型的分类结果而无法获取其他任何信息，相对应的攻击难度也要大幅提升。目前，白盒攻击样本生成方法已经发展得比较成熟，即攻击者在对想要攻击的目标模型有着充分了解的情况下，通过获取目标模型的参数、结构和训练数据等信息来实现攻击，这种攻击可以达到一个很高的成功率。但由于深度学习的应用往往是远程部署，只能有访问权限而得不到详细的内部信息，所以白盒攻击的实用性并不高。而黑盒攻击方法对于攻击深度学习模型而言更加符合现实情况。

基于图像的AI对抗攻击技术近几年成了深度学习领域的一个新研究方向。在该项技术中，欺骗行为指的是对抗样本针对模型的欺骗，对抗样本是指攻击方在"干净"的样本上通过添加人为故意生成的细微扰动所形成的干扰样本，将其输入到模型中会导致模型以较高置信度给出错误结果。

深度神经网络中之所以有对抗样本的存在，是因为其自身存在着漏洞。对抗样本的存在对深度神经网络的发展起着积极作用。对抗样本的出现指出了深度神经网络存在的漏洞。对抗样本想要成功欺骗深度神经网络，就必须用更先进的技术伪装自己。深度神经网络要想能够防御对抗样本，就要从各个方面加强防御，提高鲁棒性。最终的结果是深度神经网络将变得更加健壮、成熟。

另一个方面，如果机器学习模型没有足够的安全防御措施，直接将机器学习技术投入工业界使用，将可能造成严重的安全事故。然而，想找到一种能够抵抗各种对抗样本攻击的防御方法却非常困难。对抗样本作为机器学习的热门研究方向，每年会有很多新的对抗样本防御方法，但是这些防御方法很快都被新的攻击方法所攻破。

此外，还出现了针对训练阶段学习模型的攻击，即"毒化攻击"。将训练数据或训练过程改动之后，使得训练出来的模型出现错误分类的现象。

从哲学的角度看，人工智能和AI对抗攻击技术是一个事物的两个方面，相互制约又相互促进。

1.5.2　AI对抗攻击的研究状况

经典的对抗攻击算法在理论方面的研究主要以国外为主。Szegedy在2013年提出了一个现象，在数据中加入轻微扰动得到的新样本，会使得机器学习模型以高置信度得到错误的输出，这个加入扰动的新样本就是对抗样本。2014年，GoodFellow等人开发了一种快速梯度攻击（Fast Gradient Sign Method，FGSM）方法，通过寻找深度学习模型的梯度变化最大的方向，并按照此方向添加图像扰动，导致模型进行错误的分类。该方法的构造对抗样本效率比较高，可实现源/目标误分类。但是该方法属于白盒攻击，需要得到模型结构信息。Korakin等提出了一种迭代化的FGSM方法（Basic Iterative Method，BIM），FGSM只沿着梯度增加的方向添加一步扰动，而BIM则通过迭代的方式，沿着梯度增加的方向进行多步小扰动，并且在每一小步后，重新计算梯度方向，相比FGSM能构造出更加精准的扰动，但代价是增大了计算量。Papernot等人提出了一种雅克比映射攻击（Jacobian-based Saliency Map Attack，JSMA）方法，通过分析评估模型的前向传播过程，计算模型的前向导数，然后根据前向导数的梯度计算一个数值。每个像素点会对应算出一个数值。这个值越大，说明对这个像素点的微小扰动能更大程度地影响输出结果，所以只需要选择数值大的像素点进行扰动，就能在尽可能少地修改像素点的情况下，实现对抗攻击。Moosavi-Dezfooli等提出了深度欺骗攻击（DeepFool），在每次迭代中添加一个小的向量扰动，将位于分类边界内的图像逐步推到边界外，直到出现错误分类。该方法的特点是其属于基于迭代的白盒攻击，能够计算出比FGSM所计算的扰动更小的扰动，同时具有类似的欺骗率。Brendel等人提出了一种边界攻击（Boundary Attacks）方法，其根据一定策略，将对抗样本沿着原样本的方向移动，直到最近并保持对抗性。该方法属于黑盒攻击，需要任意输入输出的能力，可实现源/目标误分类。Carlini和Wagner提出了三种对抗攻击方法，通过限制L_∞、L_2和L_0范数使得扰动无法被察觉。实验证明三种攻击方法可以实现黑箱攻击。诸如FGSM、BIM、DeepFool等方法只能生成单张图像的对抗扰动，而Universal Adversarial Perturbations能生成对任何图像实现攻击的人类肉眼不可见的扰动。该论文中使用的方法和DeepFool相似，都是用对抗扰动将图像推出分类边界，不过同一个扰动针对的是所有的图像。虽然文中只针对单个网络ResNet进行攻击，但已证明这种扰动可以泛化到其他网络上。在分类场景以外的对抗攻击主要以自编码器和生成模型上的攻击、循环神经网络上的攻击、深度强化学习上的攻击以及语义切割和物体检测上的攻击研究为主。美国在2018年举办的"盲信号分类挑战赛"中利用人工智能成功对抗电子攻击。

国内相关研究在对抗攻击方面相对国外起步晚，在对抗防御方面的研究较多，季华益等人提出了基于大数据、云计算的信息对抗作战体系的初步设想。叶小雷等人对空间信息对抗技术的建设的若干问题进行了探讨。舒滢研究了在对抗环境中对毒化攻击的鲁棒性学习方法，采用实例迁移学习算法TrAdaBoost来对抗毒化攻击问题中的标签翻转攻击，实验验证了该算法具有较好的鲁棒性。空军工程大学的雷鹏飞等人，分析了复杂战场环境下，天气、干扰、敌方威胁等因素对攻击机选择对地武器攻击的影响，构建了对地攻击武器选择决策影响图模型，利用该模型，提供了一种武器选择辅助决策方法。通过仿真计算验证了该模型能够使武器选择更加合理、高效。刘晓琴等人提出的多强度攻击下的对抗逃避攻击集成学习算法，可以在保持多分类器准确性的同时提高鲁棒性。蒋凯等提出了两种不依赖于额外数据的防御方法，测试结果表明，提出的恢复方法对于DeepFool攻击可以达到99.7%的恢复率。杨浚宇提出了一种基于迭代自编码器的防御对抗样本方案，其原理是把远离流形的对抗样本推回到流形周围。先把输入送给迭代自编码器，然后将重构后的输出送给分类器分类。在正常样本上，经过迭代自编码器的样本分类准确率和正常样本分类准确率类似，不会显著降低深度学习模型的性能。实验表明，即使使用最先进的攻击方案，该防御方案仍然拥有较高的分类准确率和较低的攻击成功率。吴嫚等提出了一种基于PCA（主成分分析）的对抗样本攻击防御方法，实验结果表明，PCA能够防御对抗样本攻击，在维度降至50维时防御效果达到最好。孙曦音等人提出一种基于生成对抗网络（GAN）的对抗样本生成方法。该方法利用类别概率向量重排序函数和生成对抗网络，在待攻击神经网络内部结构未知的前提下对其作对抗攻击。实验结果显示，提出的方法在对样本的扰动不超过5%的前提下，定向对抗攻击的平均成功率较对抗变换网络提高了1.5%，生成对抗样本所需平均时间降低了20%。郭敏等研究了基于随机对抗训练的智能计算模型安全加固技术和基于变分自编码器的异常样本修复技术，针对对抗样本攻击进行事前主动加固和事后及时修复，结合"主动+被动"的理念实现人工智能算法的安全增强。陈慧等提出一种基于贪婪强度搜索的混合对抗性训练方法，实验结果表明，所提出的混合对抗性训练能够有效抵御多样化的黑盒攻击，性能优于传统的集成对抗性训练。周星宇等提出了一种局部可视对抗扰动生成方法，通过优化欺骗损失、多样性损失和距离损失，使生成器产生局部可视对抗扰动。胡慧敏等人提出了一种卷积神经网络的污点攻击与防御方法，试验结果表明该攻击方法具有90%的成功率，对车牌的字符识别造成了一定的影响。同时以对抗训练作为防御策略，取得了98%的成功率。陈晋音等人提出了一种基于PSO（粒子群优化）的路牌识别模型黑盒对抗攻击方法，实验结果表明，该算法生成的对抗样本在复杂多变的物理环境下，能够以高置信度、高欺骗率、高可靠性攻击路牌识别系统。

第 **2** 章

大脑视觉皮层的
机理分析

本书的特色是借鉴大脑视觉皮层的机理、机制，提升目标检测的效能。本章主要介绍视觉系统的运行流程、眼球-视网膜-视神经工作机制、视觉皮层的工作机制，为后续构建高鲁棒性目标检测模型提供理论基础。

2.1　视觉系统的运行流程

　　视觉系统是人类最为重要的感觉系统，人的大脑皮层有三分之一的面积都和视觉有关。人从外界接收的信息中，视觉占据绝大多数，并且能够有力影响人们的认知、决策、情感乃至潜意识活动。

　　人类视觉系统的基本运行流程如下：

　　① 光（本质是电磁波）携带着外部世界的结构信息，经过一系列折光系统（如晶状体、玻璃体等），投射在眼球底部的视网膜上。

　　② 视网膜上的光感受器细胞，将光信号转换为电信号（光电转换），传递给视网膜的其他细胞（比如双极细胞、水平细胞、无长突细胞等），进行初步的信息整合加工。

　　③ 视网膜的各种细胞最终将整合好的信号，传递给视网膜神经节细胞，由它将视觉信息通过视神经，传递进入大脑。

　　④ 视觉信息进入大脑后，先进入位于丘脑的一个小小的核团——外侧膝状体。在那里，视觉信息被进一步整合加工，关键的视觉信息被提取出来，无用的信息被舍弃或扣留在低级脑区。经过加工后的关键视觉信息，通过名为"视放射"的神经纤维束，传递到初级视觉皮层。

　　⑤ 初级视觉皮层进一步提取视觉信息中的关键特征（比如朝向信息、运动信息、色彩信息等），向高级的视觉皮层传递。

　　⑥ 高级视觉皮层有很多区域，各司其职，有的专门负责检测运动，有的专门负责检测形状，有的专门负责识别人脸……它们通过协同分工，共同完成对视觉信号的处理，并将最终结果传递给其他脑区，从而影响人的行为和思想。

　　⑦ 高级脑区还能反过来，影响初级脑区，调节初级脑区的敏感

性和偏好性（甚至能调节眼球的细微转动轨迹），从而更加精细地控制信息流的入口，帮助大脑更加精细地认识外在世界。

视觉皮层的结构如图2-1所示。

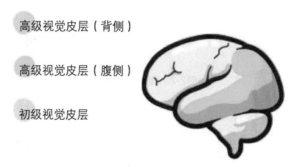

高级视觉皮层（背侧）

高级视觉皮层（腹侧）

初级视觉皮层

图2-1 视觉皮层结构

2.2 眼球-视网膜-视神经工作机制

眼球可以简单分为三个部分：

① 支持系统：负责固定眼球的形状，为其他部件提供稳定的依靠，同时提供眼球所需的营养。例如巩膜。

② 折光系统：负责将外界射入的光偏折到需要的角度，从而在视网膜上成像。例如晶状体、玻璃体。

③ 感光系统：负责将光携带的外部世界信号，转换为大脑可以识别的电信号，并进行初步的整合处理。例如视网膜。

眼球结构的示意图如图2-2所示。

视网膜的结构（如图2-3所示）可简单分为四个部分：

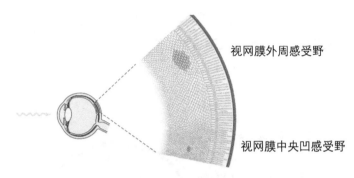

图2-2　眼球结构图

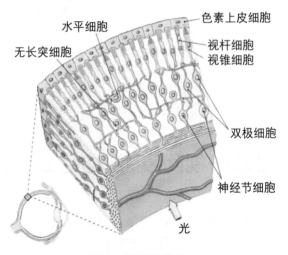

图2-3　视网膜结构

① 提供营养的基底膜。

② 光感受器，将光信号转换为电信号，传给中间神经细胞。

③ 中间神经细胞，初步整合视觉信号，传给神经节细胞。

④ 神经节细胞，负责把视觉信号传入大脑。

此外，需要注意的是，视网膜具有倒置特性，光线需要穿过致密的神经节细胞，才能被感受器细胞处理，原因是高等哺乳动物的视觉系统比较发达，光感受器细胞数量极其巨大，而光电转换的耗能是非常高的。为了能够提供充足的能量，光感受器细胞层必须紧贴着供能的基底层（色素上皮层），否则将无法支持如此多的光感受器细胞存活。

视交叉神经（如图2-4所示）类似物流分选站，将来自两只眼睛的信号重新拆分组装：

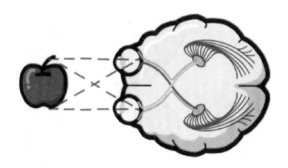

图2-4　视交叉神经

- 左眼的右侧视野，和右眼的右侧视野，被打包在一起，传入右侧大脑。
- 左眼的左侧视野，和右眼的左侧视野，被打包在一起，传入左侧大脑。

随后长达100ms时间内，视觉信号只在半侧大脑里边活动。它们离开视交叉神经之后，首先要去三个重要的地方，一个是位于丘脑的"外侧膝状体"（Lateral Geniculate Nucleus），一个是在视交叉神经上方的"视交叉上核"（Suprachiasmatic Nucleus），还有一个是位于中脑四叠体的"上丘"（Superior Colliculus）。

- 外侧膝状体：负责视觉信息的进一步处理。视觉信息在这里被再次拆分、扭曲、组装、打包，通过视放射（Optic Radiation）传递到初级视觉皮层。我们称之为"视觉的第一通路"，它是我们熟悉的视觉功能的来源。
- 视交叉上核：与生物节律密切相关（图2-5就展示了它周期性表达生物节律相关蛋白的现象）。生物节律，也叫作"生物钟"，影响到我们的自然作息。

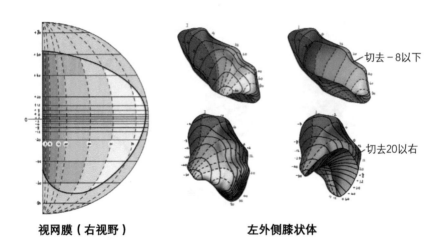

视网膜（右视野）　　　　　　　　左外侧膝状体

图2-5　视网膜到外侧膝状体的图像映射

- 上丘：和眼动相关的重要脑区，参与由光、声音等外界因素引起的眼动反射活动。眼动也是神经科学领域的热点研究对象之一，因为越来越多的迹象表明，眼动可以帮助我们高效检测"纷繁复杂、变幻莫测"的外部世界，眼动的模式，直接影响到人们提取视觉信息的效果，它还和自闭症、社交障碍等疾病有一些联系。

这里着重强调一下外侧膝状体的作用。研究成果表明外侧膝状体已经可以初步检测视觉图形的空间朝向信息（Orientation）、运动方向（Direction）和运动速度信息（Speed）了。这相比于视网膜，已经前进了一大步，因为在比较高级的哺乳动物中，视网膜绝大多数细胞是不具备上述功能的。

关于外侧膝状体具有运动与朝向检测的原因，已经有实验数据证明的结论有以下几点：

- 外侧膝状体细胞能够检测空间朝向信息，可能是因为它的细胞树突的分布模式是拉长的、有朝向的。
- 大约有70%的外侧膝状体细胞具有空间朝向检测能力，并且偏好相近朝向的细胞，在空间上也聚集成团，已经具有了一定的功能组织模式。
- 大约有1/3的外侧膝状体细胞具有运动方向检测能力，并且这种能力不是来自于皮层，而是来源于皮层下的早期发育结构。

因此，外侧膝状体不能仅仅被看作是神经节细胞的翻版，而应当被认为是视觉信息在皮层下的重要处理站，甚至有可能为初级视觉皮层的特征检测功能提供了最初的"种子"。

2.3 视觉皮层的工作机制

如图2-6所示，视觉皮层存在2条侧重处理视觉信息不同内容的并行通路：

① 背侧通路，主要负责处理运动信息。

② 腹侧通路，主要负责处理特征信息。

这两条信息通路也被认为是服务于不同的脑功能，即背侧通路处理的视觉信息主要用于指导运动，腹侧通路处理的视觉信息主要用于形成感知。但两者之间并不是完全孤立，而是有着丰富的信息交换。

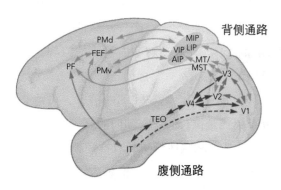

图2-6 大脑皮层的腹背通路

　　腹侧通路具有层级结构，自下而上包含初级视皮层（V1）、第二视皮层（V2）、第四视皮层（V4）以及颞下回等脑区。视觉皮层处理信息的复杂程度沿视觉通路逐级增加，V1和V2负责初级视觉信息处理，主要提取图像中的线条朝向、亮度和对比度等简单特征；V4负责中级视觉信息处理，在初级视觉信息处理的基础上进行整合，提取出轮廓和色块等；颞下回负责高级视觉信息处理，形成对物体的整体感知。视觉信息在腹侧通路的层级间不仅可通过前馈的方式逐级上传，还可通过反馈的方式实现整体感知对局部特征提取的指导和调控。背侧通路包含V1、V2、颞中区、内侧颞叶上部区域及后顶叶皮层等脑区。其中颞中区和内侧颞叶上部区域主要负责处理物体的运动方向等信息，后顶叶皮层则负责对空间的整体认知（高级视觉皮层）。前额叶皮层被认为与视觉目标分类、场景理解、特征注意（Feature-based Attention）和空间注意等密切相关，且与腹侧通路的高级皮层（如颞下回）和背侧通路的高级皮层（如后顶叶皮层）之间有着丰富的连接。视觉皮层分布情况如图2-7所示。

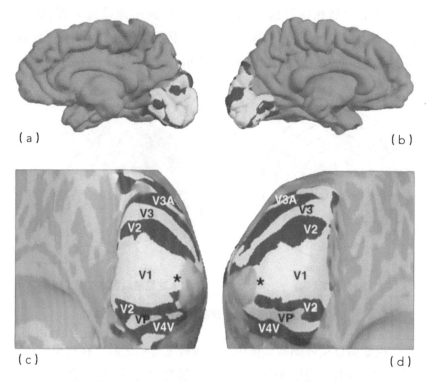

（a）

（b）

（c）

（d）

图2-7 视觉皮层的分布情况（其中V1～V4为初级视觉皮层）

自从视觉研究的奠基人——Hubel和Wissel在20世纪50至60年代系统研究了初级视觉皮层的信息处理机制以来，初级视觉皮层就一直为全世界的神经科学家们提供源源不断的新知识。同时，初级视觉皮层的早期研究，大大促进了人类对大脑工作机制的理解。例如"皮层功能柱""大脑发育关键期""视觉特征提取""信号的分级处理"等概念和思想，在初级视觉皮层的研究中不断被提及，也影响到神经科学领域的其他研究。

首先，视网膜视野图像经过预处理，将在大脑初级皮层上形成拓扑投射图。在科学研究中，我们近似把视野空间当作一个平面图像，同时也把视网膜接受的视觉信号，看成是视野的投影（由于光线经过了"晶状体"这个凸透镜，视网膜图像是视野图像的翻转）。视网膜上的平面图像，在逐级上传到大脑的过程中，会经历多次扭曲和重组，最终结果如图2-8所示。

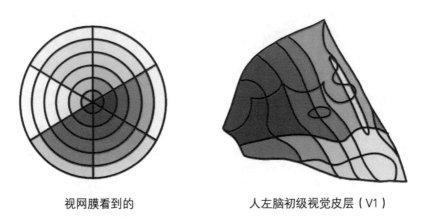

视网膜看到的　　　　　　　　人左脑初级视觉皮层（V1）

图2-8　视网膜经过外侧膝状体到视皮层图像的映射

视觉信息从外侧膝状体传入初级视觉皮层之后，在这里将进行更加细致的特征提取和分类整合。初级视觉皮层可以检测图像的朝向信息、颜色、运动方向、视野中位置等信息。

视觉皮层的纵向结构如图2-9所示，初级视觉皮层一共分为6层，从浅到深依次编号为第1、2、3、4、5、6层。每一层的功能都有所区别。通常来讲，第1层主要是神经纤维网，细胞密度比较低，主要接收其他皮层区域自上而下的"反馈"连接。第2、3层细胞密度比较高，主要参与向大脑皮层各区域的、由低向高的"前馈"连接。第4层主要接收大脑其他区域（除了皮层，也包括皮层下区域，如丘脑、下丘脑、中脑、基底神经节等）投射上来的信号。第5层除了参与皮层各区域之间的远程连接以外，也向皮层下区域投射信号。第6层既可以接收其他皮层区域的"反馈"，也可以向丘脑发送"反馈"信号。

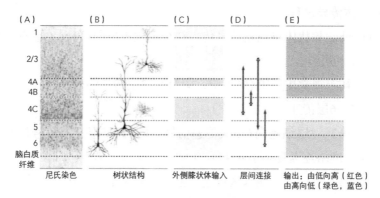

图2-9　初级视觉皮层的纵向结构

对于初级视觉皮层来说，视觉信号在其中的传递顺序如图2-10所示。

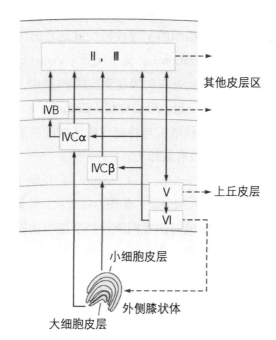

图2-10　初级视觉皮层V1的信号分层传导过程

具体传导过程：

① 外侧膝状体将视觉信号传入初级视觉皮层的第4层（也有少量传至第1、6层）。

② 初级视觉皮层第4层细胞，向第2、3层传递强烈的信号（同时也向第5、6层传递微弱的信号）。

③ 第2、3层细胞向第5层传递信号，同时第5层又把信号传回第2、3层（网络逐渐复杂了起来）。

④ 第2、3层向其他脑区传递了强烈的视觉信号，从此，经过2、3层处理的视觉信号离开了初级视觉皮层，到达更高级的皮层区域。

⑤ 第6层向外侧膝状体传递了自上而下的"反馈"信号。

最终，初级视觉皮层将视觉信息分发给多个更高级的脑区，由这些高级脑区进行分工细致的后续处理。这些高级脑区又会和更多脑区联系，从而影响人的行为和思想。

初级视觉皮层功能组织的主导性特征就是它的神经元是视觉拓扑的（Visuotopic Organization）。整个视野（Visual Field）在皮层表面系统性地表现出来。此外在初级视觉皮层V1层中，具有相似功能的神经元被紧密排布在一起，形成柱状（Columns），从皮层的表面延伸到白质中。这些柱状结构与特定皮质区域的功能特性有关，视觉信息在这些功能柱中被有效加工。

眼优势柱（Ocular Dominance Columns），反映了来自外侧膝状体不同层的丘脑皮层输入的分离。如图2-11所示，外侧膝状体核的不同层交替接收来自同侧或对侧视网膜神经节细胞的输入。从外侧膝状体核到初级视觉皮层都一直保持这种输入的分隔，产生交替的左眼或右眼的优势带。

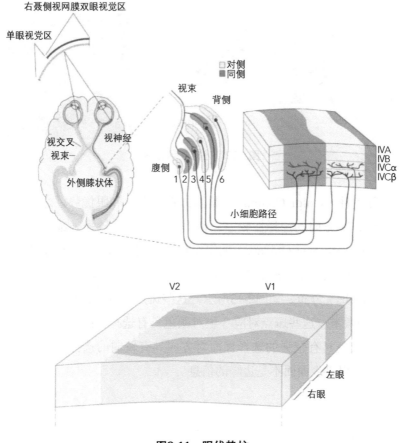

图2-11 眼优势柱

方向柱（Orientation Columns），在方向上具有相似倾向性，在皮层表面有一个顺时针和逆时针方向偏好的规则循环，共有180循环，每750微米重复一次，如图2-12所示。一个完整循环方向称为超列（Supercolumn）。同样地，左眼和右眼的优势列交替出现，周期为750~1000微米。方向柱和眼优势柱在皮层表面呈交叉状。这两种类型的柱都是通过记录大脑皮层中间隔紧密的电极穿透处神经元的反应而绘制的。

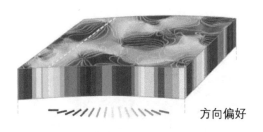

方向偏好

图2-12　方向柱示意图

颜色柱（Oolor Columns）是镶嵌在方向柱和眼优势柱之间的神经元簇，对方向的选择性较差，但对颜色的偏好较强。细胞色素氧化酶（Cytochrome Oxidase）的组织化学标记显示了这些位于浅层的特化单位，它以一种有规则的斑点（Blobs）和间隔的斑片状（Interblobs）分布，如图2-13所示。这些斑点的直径在几百微米，相隔约750微米。这些斑点对应一组对颜色具有选择性的神经元。因为它们对颜色具有较强的选择性而对方向具有较弱的选择性，它们主要是用于提供表面而不是边缘的信息。

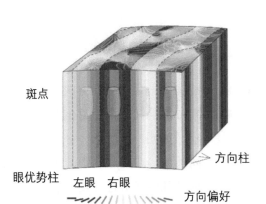

斑点

眼优势柱　左眼　右眼

方向柱

方向偏好

图2-13　功能柱分布情况

　　要在视野中分析所有的视觉属性，必须有足够数量的具有不同功能特性的神经元。当沿着任意方向在皮层表面移动时，视野的视觉拓扑性（Visuotopic Location）变化是渐变的，而柱的循环变化发生得更快，因此空间上给定的位置可以用轮廓的方向性、颜色、物体移动的方向以及立体景深（Stereoscopic Depth）来分析。处理视野特定部分的视觉皮层的一小部分代表了所有柱状系统的大致情况，如图2-13所示。

　　由于具备了信息处理的单元柱状系统，视觉皮层可利用柱状系统对信息进行处理，处理方式有两种：串行处理（Serial Processing），发生在大脑从后到前的皮层区域的连接中；并行处理，发生在处理不同的子模态（Submodality），例如形状、颜色和运动时。视觉皮层的许多区域都反映了这两种处理，例如V1中具有特殊功能的细胞与V2中具有相同功能的细胞交互。

　　细胞色素氧化酶标记显示，在V2区可见粗的或者细的深色条纹由浅条纹分隔，如图2-14所示。粗条纹中包含了对运动方向和双眼视差有选择性的神经元，以及对虚幻轮廓和整体视差线索有反应的细胞，可对边缘信息进行处理。细条纹包含对颜色具有选择性的细胞。浅条纹包含对方向具有选择性的细胞，可对条纹角度信息进行处理。

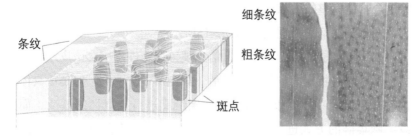

图2-14　V2区（条纹）与V1区（斑片）连接关系示意图

V4皮层位于腹侧通路，在空间上与V2、V3皮层相邻。作为形状与颜色处理的中枢，它在物体认知方面具有重要的作用。皮层接收LGN、V1、V2、MT的输入，同时对许多高级皮层区域具有前馈的投射，其中比较具有代表性的是皮层IT，IT皮层被认为是高级的皮层区域。

V4皮层的细胞组织与V1、V2皮层存在较大的差异，细胞的复杂程度也出现了较大的提升，这些差异主要表现在以下三点：

首先，V4的第4层内存在神经元聚群（Neuron Population），它是多个细胞所组成的细胞团，只有当聚群的细胞共同作用时，才能够表达图像特征，任何单独的细胞没有能力对图像产生反应。除了处理与表达客观存在的图像要素以外，皮层内还存在一类对物体间关系进行表达的神经元，关系对于形状的识别具有重要的作用。

其次，皮层内存在形状恒定的细胞，这些细胞对刺激的空间位置不敏感，只要视野内出现最优的刺激，细胞就产生反应。因此无论物体在视野的位置如何变化，都能够有效地进行识别，这使得生物具有较强的适应性。这是关系特性在视觉系统内的实际表现。

最后，V4皮层细胞的感受野较大，一个细胞接收的信号输入等价于数千个视网膜神经节细胞，这样规模的感受野使细胞具有大范围识别的能力。

V4的编码整合视野内物体的边缘，从而通过V4群体编码可以反映这个物体完整的边缘信息、形状。

视觉皮层信息处理流程如图2-15所示。

在高级皮层的腹侧回路中，信息被传递至IT皮层，该皮层的视觉信息是对一个特定的"物体"激活（如图2-15所示）。但是更具体来讲，对于这个物体并不是由某类特定细胞进行选择性的激活，而是以细胞集群的方式进行编码的。在这个区域，甚至还发现了专门编码人脸的FFA与编码场景信息的PPA（如图2-16所示）。

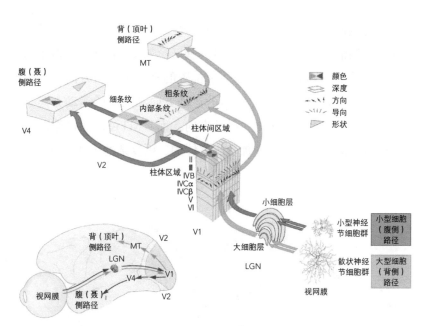

图2-15　视觉皮层信息处理流程概览

人类对人脸的识别能力
大于对物体的识别能力

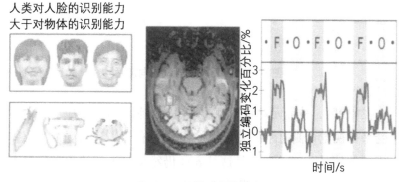

图2-16　IT层对人脸编码

在背侧回路的高级皮层中，MT区域（又称V5区）选择性地对运动的方向激活，属于加工运动信息的脑区，如图2-17所示。对于简单的刺激而言，它可以对视野内某个位置的某一个运动方向激活。而对于一个复杂的物体而言，整体的运动方向和局部的运动方向是不一样的，MT也会编码整体的运动方向，而且MT可以通过编码远近不同的视觉运动信息，从而加工出立体的、更复杂的运动信息。

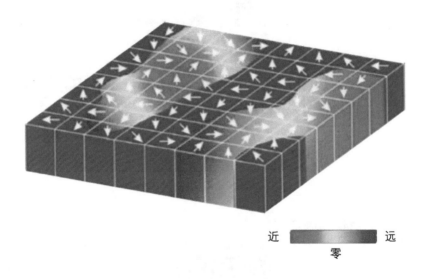

近　　　　　　　　远

零

图2-17　MT区域对运动方向激活

在VIP区，神经元对物理触摸与视觉的刺激都会响应。它们不光接受来自视觉背侧通路相关皮层（MT）的信号，还接受某些躯体感受皮层的信号（SI）。但是这种表征仍然是对头部的相对位置而言的。沿通路向上，当神经发放从VIP区域传递到F4区域后，受到刺激的感受野被转换成相对于身体的特定部位，可以表征物体的空间相对位置。

在AIP区，神经元将特定的物理属性与特定的运动行为关联。

AIP的某些神经元也可以被猴子看到的某些特定形状的物体激活（推测是实施动作的物体），被认为可能与动物的抓握本能有关。

2.4 受视觉皮层启发的目标检测研究现状及思考

Hubel和Wiesel对猫的大脑视觉皮层进行研究，提出了感受野层次结构理论。他们根据感受野的性质，将视觉皮层细胞分为简单细胞、复杂细胞和超复杂细胞三种。简单细胞的感受野较小，对特定方向的视觉刺激敏感。复杂细胞的感受野较大，对特定方向的视觉刺激不敏感。将相邻感受野的简单细胞的响应输出作为复杂细胞的输入，组成更加复杂的感受野，复杂细胞再进一步组成超复杂细胞的感受野。Hubel和Wiesel对大脑视觉皮层功能结构的研究为基于层次结构理论的目标检测研究提供了理论支撑，二人共同获得了1981年诺贝尔生理学或医学奖。1982年，Fukushima和Miyake提出了一种基于视觉皮层前馈信息处理机制的自组织神经网络模型Neocognitron。前馈又称自底向上（Bottom-Up），是指视觉信息从视网膜单向传递至高级视觉皮层，没有从高级视觉皮层向低级视觉皮层的反馈。自组织是指采用非监督学习的方式训练网络模型。Neocognitron网络模型的结构与Hubel和Wiesel提出的层次结构相似。该模型由一个相当于视网膜的输入层和四个相当于大脑视觉皮层的模块组成，如图2-18所示。每级模块由简单细胞层（S层）和复杂细胞层（C层）组成，简单细胞层和复杂细胞层的交替排列构成Neocognitron网络模型。该模型的最后一层（U_{c4}）中仅有一个复杂细胞对特定输入具有输出响

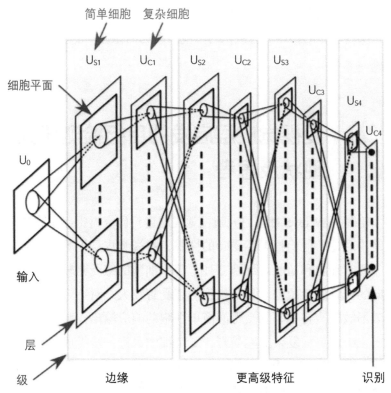

图2-18　Neocognitron网络模型

应。Neocognitron网络模型的优点是对待检测目标在输入图像中的位置不敏感，具有平移不变性。其缺点是不具有旋转和缩放不变性；利用一个细胞表达一个特定目标，与人类视觉皮层中利用多个细胞表达复杂目标的特性不一致；与人类大脑的各视觉皮层之间没有严格的对应关系；与人类大脑视觉皮层中感受野随视觉皮层等级提升而增大的特性不一致。1985年，Daugman提出了利用Gabor函数模拟大脑视觉皮层中简单细胞的二维感受野。1999年，麻省理工学院的Riesenhuber和Poggio提出了基于腹侧通路的分层最大化模型HMAX。HMAX模型中的简单细胞层（S层）执行"线性和"操作，复杂细胞层（C层）执行最大池化操作，以实现目标检测的尺度和位置不变性。HMAX模型与Neocognitron模型类似，采用前馈即自底向上的结构（S1→C1→S2→C2→S3），其中S1和C1对应大脑视觉皮层中的V1和V2区，S2对应V4区，C2对应IT和PFC区；在功能上与人类大脑视觉皮层中用于实现目标检测的腹侧通路（V1→V2→V4→PIT→AIT→PFC）基本一致。2005年，Serre等对HMAX模型进行了改进。在S1层中采用Gabor滤波器组，更加准确地描述简单细胞的感受野特性。在S2层输出时，将HMAX模型采用的静态特征字典替换为从视觉经验中学习得到的中间层特征。该模型在包含多目标种类的图像数据集上取得了良好的效果。2006年，Mutch和Lowe提出了多类目标检测模型。该模型在Serre等人研究的基础上进行了改进。模型的输入为10种尺度的金字塔图像层；模拟人类大脑视觉皮层中的侧抑制作用，对S1/C1层的输出进行了抑制；对S2层的输入进行了稀疏化，C2层具有尺度和位置不变性；利用SVM对目标进行分类。Mutch和Lowe提出的模型在Caltech 101数据集和UIUC车辆数据集上均取得了良好的效果。

在计算机视觉领域中也出现了一些不基于Hubel和Wiesel层次结构理论的模拟视觉皮层信息处理机制的模型。1997年，Mel提出了一种前馈的基于感受野的模型SEEMORE，如图2-19所示。该模型结合颜色、形状、纹理特征进行目标检测，通过特征组合提高了检测的鲁棒性。SEEMORE模型对每个待检测目标提取5类特征，共提取102个特征，每个特征对应1个通道，其中包括23个颜色通道、11个角点强度通道、12个斑点强度通道、40个通用轮廓通道和16个Gabor 驱动的纹理通道。将所有通道的运算结果输入最近邻分类器进行分类，最终实现目标检测。SEEMORE模型的缺点是与人类大脑的各视觉皮层之间没有严格的对应关系，而且运算量太大。1997年，牛津大学的Wallis和Rolls提出了一种不变目标检测模型VisNet，该模型与人类

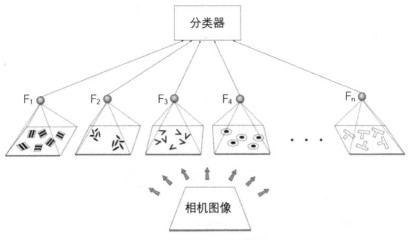

图2-19　SEEMORE模型

大脑视觉皮层中感受野随视觉皮层等级提升而增大的特性一致。
2000年，Rolls和Milward提出了VisNet模型的改进版本VisNet2。如图
2-20所示，该模型由四层前馈网络组成，网络中的每一层由前一层的
小区域汇聚形成，所有神经元的响应均利用Sigmoid函数进行模拟，

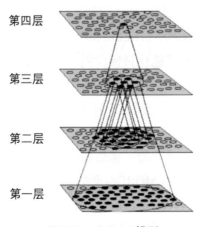

第四层

第三层

第二层

第一层

图2-20　VisNet2模型

通过修正的Hebbian规则学习变换不变性。VisNet2模型的优点是对视觉皮层进行了完整的理论模拟；缺点是模型复杂，需要消耗大量资源进行计算，没有特别考虑目标的颜色和形状。

2002年，Hochstein和Ahissar提出了前馈与反馈双向等级模型。该模型中的前馈与HMAX模型类似，高级视觉皮层中的预测信息又反向传递至低级的视觉皮层。2010年，Dura-Bernal等研究了反馈在基于视觉皮层的分层目标检测模型中的作用。2013年，Kim等提出了一种模拟视觉皮层V1和V4区信息处理机制的形状编码方法。该方法中视觉部分检测器的最佳形式是圆形对称检测器和角形结构检测器的结合。Kim等提出的方法忽略了V2区对角形结构检测的重要作用。2014年，Tschechne和Neumann受到神经元之间存在反馈连接的启发，提出了一种视觉皮层中的形状分层表达模型。该模型增加了对视觉皮层中V2区的模拟并应用于目标边界提取。

在国内，相关领域的研究人员也对受视觉皮层启发的目标检测进行了研究。1996年，电子科技大学的李朝义院士团队对超越经典感受野的视觉皮层神经元感受野的朝向特性进行了研究。1998年，西安交通大学的郑南宁团队提出了一种引入注意机制的视觉计算模型，强调了数据驱动的自底向上过程与知识驱动的自顶向下过程的融合。2008年，北京交通大学的罗四维团队提出了一种自底向上的注意信息提取算法，所提取的注意信息具有旋转、平移、缩放不确定性和一定的抗噪能力。2012年，合肥工业大学的宋皓等对经典稀疏编码和HMAX模型进行了改进，用4D Gabor金字塔模拟了视觉信息从视网膜到视觉皮层V1区的处理过程，用带稀疏编码性质的滤波器模拟了视觉信息从V1区到PFC区的多层次处理过程。2016年，上海交通大学的张盛博研究了视觉皮层中腹侧通路V1→V2→V4区对形状信息的处理机制，建立了形状特征分层模型，进一步提取角形和曲率特征。该模型在MNIST数据集和21类遥感影像数据集上取得了良好的目标检测效果。

综合国内外研究，当前受视觉皮层启发的目标检测研究具有以下特点：

① 人类大脑视觉皮层系统非常复杂，存在大量的前馈及反馈连接，在视觉皮层的各层次间同时对视觉信息进行串行和并行处理，目前的研究很难完整模拟这一过程。

② 目前对刚性目标、非刚性目标、纹理目标在人类大脑视觉皮层中的检测机制异同的相关研究较少。

③ 目前的研究通常对人类大脑视觉皮层中的少数神经元细胞特性进行研究，对神经元细胞之间的相互作用研究较少。

④ 目前对人类大脑视觉皮层利用先验知识进行目标检测的相关研究较少。

第 **3** 章

类脑智能目标检测网络的构建与优化

本章是本书的核心，内容包括类脑智能目标检测网络构建的总体思路、仿V1视觉皮层模块原理与实现、视觉注意力模块原理与实现、类脑智能目标检测深度网络框架、目标检测的网络模型压缩提速五个方面。

3.1 构建的总体思路

本节的仿视觉感知皮层的目标检测网络框架，重点研究如何模拟大脑视觉信息处理机制，从而构建高鲁棒性的目标检测模型。首先，基于初级视觉皮层的生物学机制，构建基于固定权重的Gabor滤波器组、非线性变换以及随机响应的仿V1视觉皮层模块，该模块可模拟大脑V1区域的视觉信息处理过程。然后，基于大脑认知注意力机制，构建多层级、多通路的特征提取骨干网络。接着，将初级视觉皮层模块与骨干网络进行特征融合，构成了仿初级视觉皮层与注意力机制相结合的类脑目标检测模型。仿初级视觉皮层的目标识别总体框架如图3-1所示，框架主要包括模块1和模块2。

模块1包括仿初级视觉感知预处理层和卷积层。模块1中的仿初级视觉感知预处理层的主要功能是，通过模拟人类大脑中的初级视觉感知皮层的信息处理机理对输入图像进行预处理，提高目标检测系统的鲁棒性。其中卷积层的结构如图3-2所示。

如图3-3所示，仿初级视觉感知预处理层包括预处理模块1、仿V1视觉皮层模块和特征融合层三部分。输入图像同时输入到预处理模块1和仿V1视觉皮层模块中，经过预处理模块1和仿V1视觉皮层模块处理后，输出的特征再输入到特征融合层中，特征融合层的主要功能是对预处理模块1和仿V1视觉皮层模块输出的特征进行融合并输出预处理后的特征。

特征融合层的计算公式为：

$$O = I_1 + I_2$$

上述公式中，I_1和I_2分别为预处理模块1和仿V1视觉皮层模块输出的特征图矩阵，矩阵I_1和I_2的尺寸相同，均为$H \times W \times C \times B$。$H$、$W$、$C$、$B$分别为特征图的高度、宽度、通道数和输入图像数量。

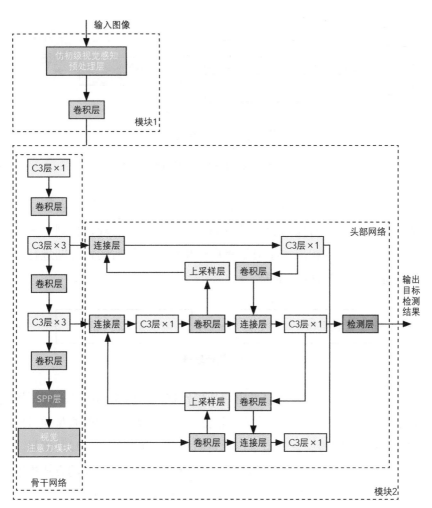

图3-1 仿初级视觉皮层的目标识别总体框架

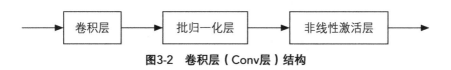

图3-2 卷积层（Conv层）结构

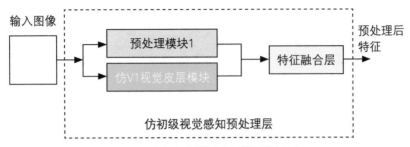

图3-3　仿初级视觉感知预处理层示意

　　如图3-4预处理模块1所示，预处理模块1由聚焦层和卷积层组成。聚焦层用于对输入图像进行隔行采样与堆叠处理，得到下采样后的特征图。卷积层用于对聚焦层输出的下采样后的特征图进行压缩处理，得到压缩后的特征。

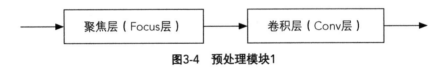

图3-4　预处理模块1

　　如图3-5所示，聚焦层采用切片操作把高分辨率的图片或特征图拆分成多个低分辨率的图片或特征图。图中将$4 \times 4 \times 3$的张量通过间隔采样拆分成4份，在通道维度上进行拼接，生成$2 \times 2 \times 12$的张量。聚焦层将w-h平面上的信息转换到通道维度，再通过卷积的方式提取不同特征，采用这种方式可以减少下采样带来的信息损失。

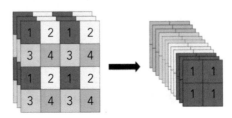

图3-5　聚焦层结构

仿初级视觉皮层的目标检测框架首先通过聚焦层将图像进行降维，同时融合仿V1视觉皮层模块的抗干扰特征信息，经过多层级残差网络模块的特征提取操作，获取多层级的丰富语义特征，最终从大、中、小三个维度生成多层级的预测结果，该预测结果形成目标类别、位置的双路分支，模拟了人类视觉感知皮层信息处理机制。

3.2 仿V1视觉皮层模块

仿V1视觉皮层模块由固定权重的Gabor滤波器组成，是一个权重和参数确定的、可模拟大脑V1区域信息处理过程的神经网络模型。仿V1视觉皮层模块以简单和复杂细胞神经元的形式，以卷积、非线性和随机生成器三个连续的过程进行处理。

仿V1视觉皮层模块的第一层是一个参数确定的Gabor卷积层，层中的参数通过大脑V1区域的信号方向、峰值频率和感受野的大小及形状进行拟合，经过实证，可以达到模拟大脑V1区域的脑波反应信号的效果。它使用多方向、多尺寸、多形状的Gabor滤波器，对RGB图像进行卷积，将其映射到64×64尺寸大小的特征图中。处理过程中，仿V1视觉皮层模块保持颜色分离处理，每个Gabor滤波器只处理待卷积图像中的一个颜色通道的信息。通过上述滤波方法得到的结果比传统模型的预处理结果具有更强的异质性，更加多样化和有效，更好地模拟了生物视觉感受野上的信号变化。

Gabor函数是一个用于边缘提取的线性滤波器。Gabor滤波器的频率和方向表达同人类视觉系统类似。研究发现，Gabor滤波器十分适合纹理表达和分离。在空间域中，一个二维Gabor滤波器是一个由正弦平面波调制的高斯核函数。生物学实验发现，Gabor滤波器可以近似模拟初级视觉皮层细胞的感受野函数（光强刺激下的传递函数）。同时，Gabor滤波器分为实部和虚部，用实部进行滤波后图像会平滑，虚部滤波后用来检测边缘。

Gabor滤波器的脉冲响应，可以定义为一个正弦波（对于二维Gabor滤波器是正弦平面波）乘以高斯函数。由于乘法卷积性质，Gabor滤波器的脉冲响应的傅立叶变换是其调和函数的傅立叶变换和高斯函数傅立叶变换的卷积。该滤波器由实部和虚部组成，二者相互正交。一组不同频率不同方向的Gabor函数数组对于图像特征提取非常有用。Gabor函数的数学表达式如下所示：

$$G\Theta_{f,\phi,n_x,n_y}(x,y) = \frac{1}{2\pi\sigma_x\sigma_y} \exp\left[-0.5(x_{\mathrm{rot}}^2/\sigma_x^2 + y_{\mathrm{rot}}^2/\sigma_y^2)\right]\cos(2\pi f + \phi)$$

式中

$$x_{\mathrm{rot}} = x\cos\Theta + y\sin\Theta$$

$$y_{\mathrm{rot}} = -x\sin\Theta + y\cos\Theta$$

$$\sigma_x = \frac{n_x}{f}$$

$$\sigma_y = \frac{n_y}{f}$$

上述公式中，各个参数的意义如下：

方向（Θ）：这个参数指定了Gabor函数并行条纹的方向，它的取值为0°到360°。其他参数不变，修改此参数，Gabor核函数的滤波效果对比如图3-6所示。

相位偏移（ϕ）：它的取值范围为－180°到180°。其中，0°和180°分别对应中心对称的center-on函数和center-off函数，而－90°和90°对应反对称函数。其他参数不变，修改此参数，Gabor核函数的滤波效果对比如图3-7所示。

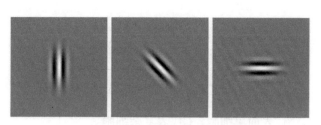

图3-6 不同方向下Gabor核函数滤波效果

波长为10，相位偏移量为0°，空间纵横比为0.5，带宽为1，方向分别为0°、
45°、90°

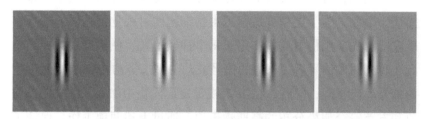

图3-7 不同相位偏移下Gabor核函数滤波效果

波长为10，方向为0°，空间纵横比为0.5，带宽为1，相位偏移量分别为0°、
180°、−90°、90°

　　仿V1视觉皮层模块的非线性层具有两种不同的非线性变换方式，即简单细胞的非线性变换与复杂细胞的非线性变换。其中，简单细胞非线性变换部分对应着Gabor滤波器的实部部分，复杂细胞的非线性变换对应着Gabor滤波器的虚部部分，非线性变换函数根据其单元的类型应用于每个通道。通过简单神经元与复杂神经元节点的非线性机制，可以更加有效地刻画图像的特征。简单神经元的非线性变换通过一个简单的校正线性函数实现，可以表征图像的大部分信息，同时可以大幅度提高映射的速度，降低滤波复杂度，提高拟合效率；而复杂神经元节点的非线性变换通过正交相位对的光谱功率密度函数映射实现，可以高效、准确地对图像边界信息进行滤波。简单细胞与复杂细胞的线性变换函数如下所示：

$$S^{nl}\Theta_{f,\phi,n_x,n_y} = \begin{cases} S^l\Theta_{f,\phi,n_x,n_y}, & S^l\Theta_{f,\phi,n_x,n_y} > 0 \\ 0, & \text{其他情况} \end{cases}$$

$$C^{nl}\Theta_{f,\phi,n_x,n_y} = \frac{1}{\sqrt{2}}\sqrt{(C^l\Theta_{f,\phi,n_x,n_y})^2 + (C^l\Theta_{f,\phi+\pi/2,n_x,n_y})^2}$$

式中，S代表简单细胞，C代表复杂细胞。

对于同一视觉信息的输入，灵长类动物V1区的脉冲神经信号每次都会产生一些随机的变化。通过在猕猴大脑视觉皮层区域上进行的一些实验，可以发现大脑神经信号的变化规律可以用泊松分布来描述。因此，为了更精准地模拟生物细胞面对视觉信息输入的真实反应，首先应用仿射变换作用于每个神经单元，使模型中的神经单元在收到图像信号后，产生的信号波动与灵长类动物V1神经元产生的信号反应相同；同时，在仿V1视觉皮层模块中加入了独立的、均值和方差符合泊松分布的高斯噪声项。通过上述两项工作，保证了无论是在训练还是推理过程中，如同大脑一样，仿V1视觉皮层模块的随机性总是开启的，可以更加精准地对大脑信号进行描绘。随机噪声项的生成公式如下所示：

$$R^s \sim N(\mu = R^{ns}, \sigma^2 = R^{ns})$$

式中，R^{ns}代表了仿射变换后的初始非随机的神经感受野噪声信号，R^s代表了仿射变换后的随机神经感受野噪声信号。

3.3 视觉注意力模块

视觉注意力模块通过模拟大脑认知注意力机制，实现类生物的视觉注意力聚焦策略，实现对目标上下文信息的有效提取，提升目标识别的准确性。

本节将视觉注意力模块与骨干网络空间金字塔池化层（SPP层）输出的不同感受野特征图进行关联融合，实现上下文特征信息的聚焦提取。视觉注意力模块主要由多层级Transformer编码模块组成，如图3-8所示。

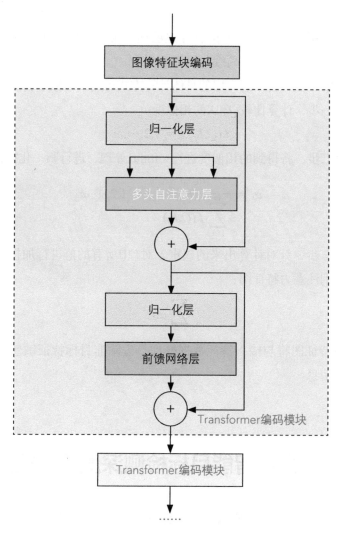

图3-8　视觉注意力模块原理图

Transformer编码模块包括归一化层、多头自注意力层以及前馈网络层三部分。输入图像特征块编码后，归一化层对输入信息进行归一化处理，然后经过多头自注意力层计算特征图上下文信息相关性，判断某区域注意力程度，并计算经注意力提取后的有效特征信息，信息经过前馈网络进行非线性计算与后续模块进行多层级的特征计算，提取多层注意力信息并逐层递进融合，即生成去除干扰信息的有效特征，应用于后续的目标检测。

其中，多头自注意力层的具体计算方式可用以下数学公式表述。

第一步，计算比较Q和K的相似度：

$$f(Q,K_i),i = 1,2,\cdots,m$$

第二步，将得到的相似度进行softmax处理，进行归一化操作：

$$\alpha_i = \frac{e^{f(Q,K_i)}}{\sum_{j=1}^{m} f(Q,K_j)},i = 1,2,\cdots,m$$

第三步，针对计算出来的权重，对V中所有的值进行加权求和计算，得到注意力特征图：

$$\sum_{i=1}^{m} \alpha_i V_i$$

该特征图将与输入特征数据叠加，去除非目标特征敏感区信息和干扰信息。

3.4 类脑智能目标检测深度网络框架

如图3-9～图3-15所示，本项目研究的仿视觉感知皮层目标检测技术共进行了6个不同版本的技术实现，分别命名为仿V1目标检测r1

版、仿V1目标检测r2版、仿V1目标检测r3版、仿V1目标检测r4版、仿V1目标检测r5版、仿V1目标检测r6版。

　仿V1目标检测r1版，将32通道的仿V1视觉皮层模块直接以串联的形式融入到特征提取骨干网络中。

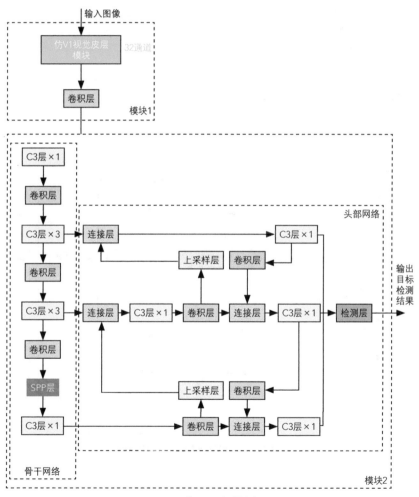

图3-9　仿V1目标检测r1版

类脑智能目标检测原理及应用

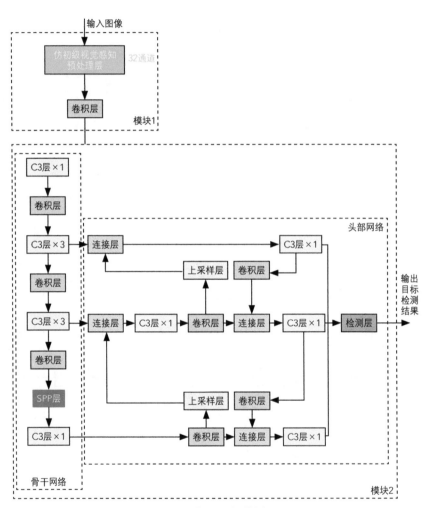

图3-10　仿V1目标检测r2版

78

仿V1目标检测r2版将32通道的仿初级视觉感知预处理层融入到骨干网络中。如图3-11所示，整个模型共有25个模块层，由序号0到序号24表示。序号0即仿初级视觉感知预处理层，序号0的参数配置为：该模块输入源为"－1"，意思是该模块的输入数据来源于上一个模块，即输入图像；该模块参数量为126432；该模块参数为[3，32，4，640，3，2，'ff']，分别表示该模块的输入通道数为3，输出通道数为32，仿V1视觉皮层模块的滑动窗口步长为4，输入图像参考尺寸为640像素×640像素，图3-3中的预处理模块1的聚焦层和卷积层的卷积核尺寸为3×3，卷积层的滑动窗口步长为2，'ff'表示该模块采用特征融合层进行特征融合处理。序号1即模块1中的卷积层，序号1的参数配置为：该模块输入源为"－1"，意思是该模块的输入数据来源于上一个模块；该模块参数量为2176；该模块参数为[32，64，1，1]，分别表示该模块的输入通道数为32，输出通道数为64，卷积核尺寸为1×1，滑动窗口步长为1。

序号	输入源	参数量	模块名称	模块参数
0	-1	126432	models.vone.common_vone.VoneModule	[3, 32, 4, 640, 3, 2, 'ff']
1	-1	2176	models.common.Conv	[32, 64, 1, 1]
2	-1	18816	models.common.C3	[64, 64, 1]
3	-1	73984	models.common.Conv	[64, 128, 3, 2]
4	-1	156928	models.common.C3	[128, 128, 3]
5	-1	295424	models.common.Conv	[128, 256, 3, 2]
6	-1	625152	models.common.C3	[256, 256, 3]
7	-1	1180672	models.common.Conv	[256, 512, 3, 2]
8	-1	656896	models.common.SPP	[512, 512, [5, 9, 13]]
9	-1	1182720	models.common.Conv	[512, 512, 1, False]
10	-1	131584	models.common.Conv	[512, 256, 1, 1]
11	-1	0	torch.nn.modules.upsampling.Upsample	[None, 2, 'nearest']
12	[-1, 6]	0	models.common.Concat	[1]
13	-1	361984	models.common.C3	[512, 256, 1, False]
14	-1	33024	models.common.Conv	[256, 128, 1, 1]
15	-1	0	torch.nn.modules.upsampling.Upsample	[None, 2, 'nearest']
16	[-1, 4]	0	models.common.Concat	[1]
17	-1	90880	models.common.C3	[256, 128, 1, False]
18	-1	147712	models.common.Conv	[128, 128, 3, 2]
19	[-1, 14]	0	models.common.Concat	[1]
20	-1	296448	models.common.C3	[256, 256, 1, False]
21	-1	590336	models.common.Conv	[256, 256, 3, 2]
22	[-1, 10]	0	models.common.Concat	[1]
23	-1	1182720	models.common.C3	[512, 512, 1, False]
24	[17, 20, 23]	229245	Detect	[80, [[10, 13, 16, 30, 33, 23], [30, 61, 62, 45, 59, 119], [116, 90, 156, 198, 373, 326]], [128, 256, 512]]

图3-11　仿V1目标检测r2版模型参数

仿V1目标检测r3版，将一处视觉注意力机制模块添加到骨干网络SPP层之后，将SPP层输出的不同感受野特征图进行关联融合，实现上下文特征信息的注意力编码，去除非目标特征敏感区信息和干扰信息。

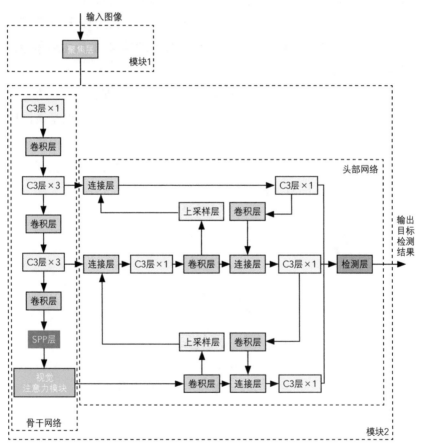

图3-12 仿V1目标检测r3版

　　仿V1目标检测r4版，在仿V1目标检测r2版基础上添加两处视觉注意力模块。其中一处的视觉注意力模块添加到骨干网络SPP层之后，将SPP层输出的不同感受野特征图进行关联融合，实现上下文特征信息的注意力编码，去除非目标特征敏感区信息和干扰信息。另一处的视觉注意力模块添加到头部网络中的检测层的前一层。

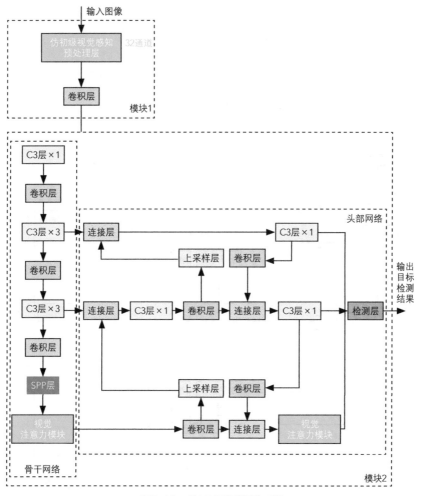

图3-13　仿V1目标检测r4版

仿V1目标检测r5版，在仿V1目标检测r2版基础上将仿初级视觉感知预处理层的输出通道数翻倍，由32通道更新为64通道。

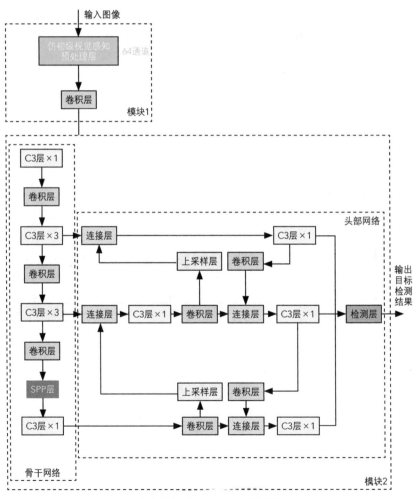

图3-14　仿V1目标检测r5版

仿V1目标检测r6版，在仿V1目标检测r5版基础上，将一处视觉注意力机制模块添加到骨干网络SPP层之后，与SPP层输出的不同感受野特征图进行关联融合，实现上下文特征信息的聚焦提取，去除非目标特征敏感区信息和干扰信息。

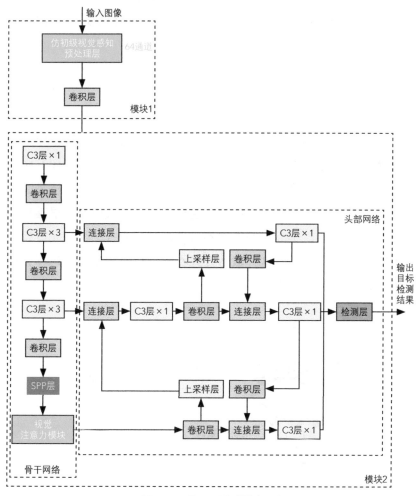

图3-15　仿V1目标检测r6版

3.5 目标检测的网络模型压缩提速

高精度的目标检测模型神经元参数数量巨大，计算量很高，难以部署在边缘计算系统上。如何在不损伤模型运行效果的基础上，实施有效的模型压缩，尽量降低模型参数和计算量，实现高实时性的目标检测是亟待突破的难点。本书将目标检测模型进行结构化剪枝和量化压缩，充分降低网络计算量。

3.5.1 模型剪枝技术

目标检测模型训练完成后，存在冗余参数的可能，这将导致计算量大、运行延迟。一般采用模型剪枝去除冗余连接。如图3-16所示，剪枝又分为连接剪枝与神经元剪枝两种。其中连接剪枝灵活性更高，又称为细粒度裁剪，但由于这种不规则的裁剪方式很难在芯片上实现并行化，实际提升效果不明显；对比而言，神经元剪枝，又称为结构化的裁剪，这种裁剪方式不影响结构化矩阵的运算，具有很好的降参提速效果。

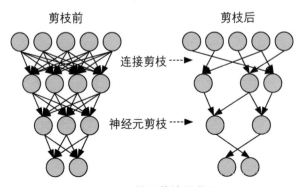

图3-16　模型剪枝原理图

本书采用结构化的剪枝方案，模型剪枝的流程如图3-17所示。首先，获取类脑网络模型并进行参数初始化；然后，在归一化层引入通道稀疏化因子与其他网络层共同训练，训练完成后获取稀疏因子，对通道因子数值较小的通道进行修剪；接着，对修剪后的网络进行微调训练；最后，测试验证优化效果，并根据情况迭代训练，直到获得满足需求的压缩网络。

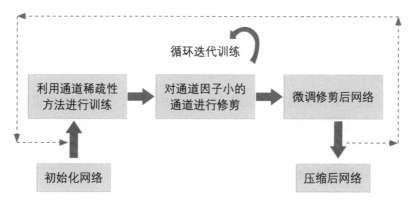

图3-17　模型剪枝流程图

　　如图3-18所示，该剪枝方法的核心在于通道因子的引入，为每一通道提供一个表征重要性的权重，权重小的通道未来将被削减掉。

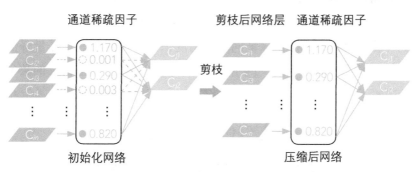

图3-18　基于通道稀疏的结构化剪枝原理图

同时，通道稀疏因子的引入位置很关键，拟将因子引入批量归一化层（BN层），原因包括如下三点：

① 如果我们将缩放层添加到没有BN层的CNN，则缩放因子的值对于评估通道的重要性没有意义，因为卷积层和缩放层都是线性变换。放大卷积层中的权重的同时减小缩放因子值，可以获得相同的结果。

② 如果我们在BN层之前插入缩放层，缩放层的缩放效果将被BN层中的归一化处理完全抵消。

③ 如果我们在BN层之后插入缩放层，则每个通道有两个连续的缩放因子。

为此，我们将通道稀疏因子在BN层中引入，即我们可以直接利用BN层中的 γ 参数作为网络压缩所需的比例因子，这种引入方式具有不增加网络计算开销的巨大优势。

BN层的数学表征公式如下：

$$\hat{z} = \frac{z_{\text{in}} - \mu_\beta}{\sqrt{\sigma_\beta^2 + \epsilon}}$$

$$z_{\text{out}} = \gamma \hat{z} + \beta$$

令 z_{in} 和 z_{out} 为BN层的输入和输出，其中 μ_β 和 σ_β 是 β 上输入激活的平均值和标准偏差值，γ 和 β 是可以通过训练变换的参数（比例和偏移），这里我们将 γ 作为通道稀疏因子进行训练。

最终训练的目标是保证网络高精度识别目标的同时，尽量降低稀疏性因子，即尽量减少网络通道数和网络规模。训练目标的数学描述如下：

$$L = \sum_{(x,y)} l(f(x,W),y) + \lambda \sum_{\gamma \in T} g(\gamma)$$

式中，x 与 y 表示训练输入和目标，W 表示可训练的权重，第一个和项对应CNN的正常训练损失，$g(\cdot)$ 是由比例因子的稀疏性引起的惩

罚，λ用于平衡这两个损失。在实验中，我们选择$g(s)=|s|$，它被称为L1范数并广泛用于实现稀疏性。采用次梯度下降作为非光滑L1惩罚项的优化方法。

在通道层次稀疏诱导归一化训练之后，我们获得了一个模型，其中许多比例因子接近零。然后我们可以通过删除所有传入和传出连接以及相应的权重来修剪具有接近零比例因子的通道。我们使用全局阈值在所有层上修剪通道，其被定义为所有比例因子值的特定百分位数。例如，我们通过选择百分比阈值为70%来修剪具有较低缩放因子的70%通道。通过这样做，我们获得了一个更紧凑的网络，具有更少的参数和内存需求，以及更少的计算操作。

当修剪比例高时，修剪可能暂时导致一些精确度损失。但是，这可以通过修剪网络上的后续微调得到很大程度的补偿。加上最终的循环迭代训练，这种精度的损失会不断被抑制。

3.5.2　模型量化技术

网络模型参数量会直接影响存储资源和计算资源的占用情况，从而影响网络推理速度。为了更精准地提取各类特征，神经网络通常需要大量卷积层和大量滤波器进行复杂的浮点乘加运算，这意味着一个精度较高的网络模型在计算量上可达十亿量级，参数量更是轻易突破百兆量级。如果将原始FP32型数据映射到硬件上，不仅会占用大量的RAM存储资源，其推理过程更会消耗大量的计算资源，这对资源受限的车载设备来说是难以承受的。基于硬件资源的考虑，采用压缩量化算法将FP32位数据映射为INT8位数据，以节省存储资源。

本书采用后处理量化方案，具体实施步骤如下：

① 准备模型：准备训练收敛后的浮点识别跟踪模型，指定需要

进行量化的位置。

② 模块融合：将一些相邻模块进行融合以提高计算效率，比如卷积+ReLU或者卷积+批归一化+ReLU。这里我们进行BN融合，即卷积+BN，通过计算公式将BN的参数融入到权重中，并生成一个偏置。模块融合示意如图3-19所示。

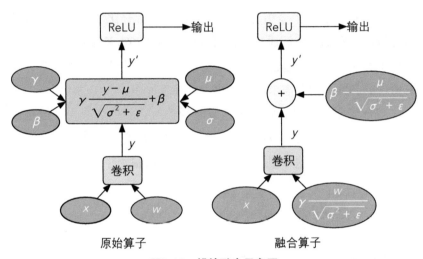

图3-19　模块融合示意图

③ 确定量化方案：指定量化的后端，选择层量化、通道量化的方法。

④ 校准：观察激活张量的模块，然后将校准数据集灌入模型，利用校准策略得到每层激活函数的尺度和零点并存储。

⑤ 模型转换：使用线性量化函数对整个模型进行量化的转换。重点量化权重，计算并存储要在每个激活张量中使用的尺度和零点，替换关键运算符的量化实现。

第**4**章

类脑智能目标检测网络的
性能评价

本章的核心任务是对类脑智能目标检测网络的
性能进行评价，主要内容包括在公开数据集
COCO 2017上的目标识别性能评估、在自建数据
集上的性能评估、存在AI对抗攻击时的目标检测效
能三个方面。

4.1 在公开数据集COCO 2017上目标识别性能评估

4.1.1 COCO数据集简介

COCO的全称是Microsoft Common Objects in Context，起源于微软于2014年出资标注的Microsoft COCO数据集，与ImageNet竞赛一样，被视为计算机视觉领域最受关注和最权威的比赛之一。 COCO数据集是一个大型的、丰富的物体检测、分割数据集。这个数据集以场景理解为目标，主要从复杂的日常场景中截取。该数据集包括91类目标、328000个影像和2500000个标签。有语义分割的最大数据集，提供的类别有80类，有超过33万张图片，其中20万张有标注，整个数据集中个体的数目超过150万个。COCO 2017数据集中的目标检测数据集包含80个类别，训练集有118287张，验证集有5000张。见表4-1。

表4-1 COCO数据集简介

COCO数据集	训练集数量/张	验证集数量/张	类别
COCO 2014	82783	40504	'person', 'bicycle', 'car', 'motorcycle', 'airplane', 'bus', 'train', 'truck', 'boat', 'traffic light', 'fire hydrant', 'stop sign', 'parking meter', 'bench', 'bird', 'cat', 'dog', 'horse', 'sheep', 'cow', 'elephant', 'bear', 'zebra', 'giraffe', 'backpack', 'umbrella', 'handbag', 'tie',

COCO数据集	训练集数量/张	验证集数量/张	类别
COCO 2017	118287	5000	'suitcase', 'frisbee', 'skis', 'snowboard', 'sports ball', 'kite', 'baseball bat', 'baseball glove', 'skateboard', 'surfboard', 'tennis racket', 'bottle', 'wine glass', 'cup', 'fork', 'knife', 'spoon', 'bowl', 'banana', 'apple', 'sandwich', 'orange', 'broccoli', 'carrot', 'hot dog', 'pizza', 'donut', 'cake', 'chair', 'couch', 'potted plant', 'bed', 'dining table', 'toilet', 'tv', 'laptop', 'mouse', 'remote', 'keyboard', 'cell phone', 'microwave', 'oven', 'toaster', 'sink', 'refrigerator', 'book', 'clock', 'vase', 'scissors', 'teddy bear', 'hair drier', 'toothbrush'

4.1.2　模型训练过程

在公开数据集COCO 2017的训练集上对本项目开发的仿视觉感知皮层目标识别的6个迭代版本方案进行模型训练，采用4块NVIDIA RTX 2080Ti显卡进行单机多卡并行训练，训练回合数*epochs*为300。为了保证与现有模型YOLOv5s的公平比较，模型训练过程的损失函数和超参数设置与YOLOv5s的模型训练配置保持一致。

仿V1目标检测r1版、仿V1目标检测r2版、仿V1目标检测r3版、仿V1目标检测r4版、仿V1目标检测r5版和仿V1目标检测r6版的模型训练过程曲线如图4-1~图4-6所示。其中，"*Box*""*Objectness*""*Classification*""*Precision*""*Recall*"分别是在训练集上的目标框损失、目标对象损失、目标分类损失、精准率、召回率，"*val Box*" "*val Objectness*" "*val Classification*" "*mAP@0.5*" "*mAP@0.5：0.95*"分别是在验证集上的目标框损失、目标对象损失、目标分类损

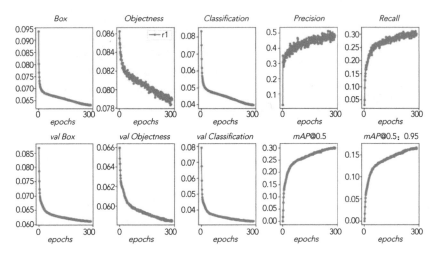

图4-1 仿V1目标检测r1版（r1）训练过程曲线

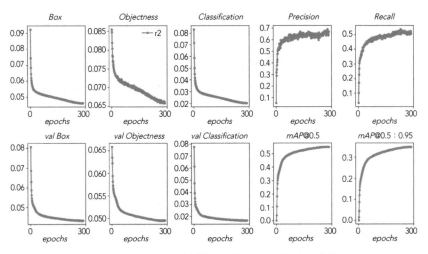

图4-2 仿V1目标检测第r2版（r2）训练过程曲线

失、IoU为0.5时的均值平均精度、IoU为$0.5 \sim 0.95$时的均值平均精度。

从图4-1~图4-6可知，经过300回合的模型训练，本项目开发的

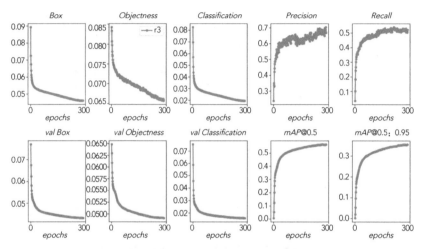

图4-3　仿V1目标检测第r3版（r3）训练过程曲线

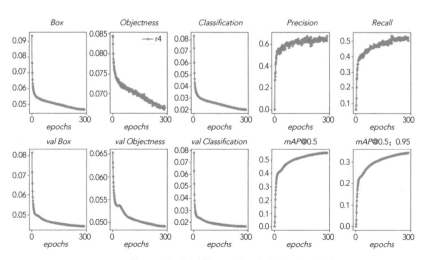

图4-4　仿V1目标检测第r4版（r4）训练过程曲线

类脑智能目标检测原理及应用

仿视觉感知皮层目标检测的6个迭代版本均得到了训练收敛，表明6个模型的训练结果是可靠的。

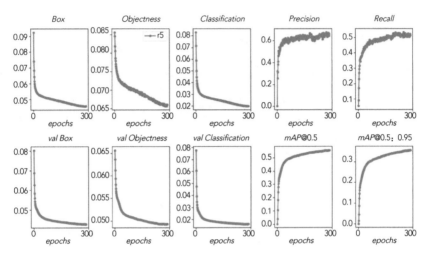

图4-5 仿V1目标检测第r5版（r5）训练过程曲线

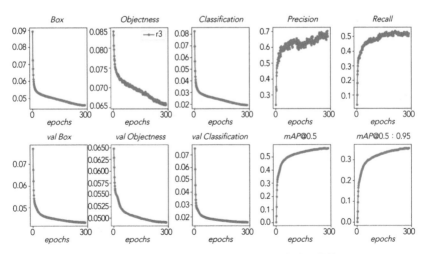

图4-6 仿V1目标检测第r6版（r6）训练过程曲线

如图4-7所示，符号标记"①"的r6代表了仿V1目标检测r6版的训练过程，符号标记"②"的r1代表了仿V1目标识别r1版的训练过程，图中的横轴表示训练回合数*epochs*。由图可知，在训练相同的回合数*epochs*的情况下，通过版本迭代升级，本书所研究的仿V1目标检测r6版相比仿V1目标检测r1版的训练收敛速度快，训练过程的各项性能指标更优。

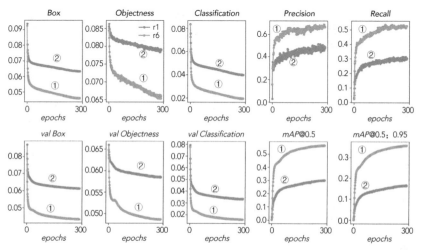

图4-7 仿V1目标检测r6版和仿V1目标检测r1版的训练过程对比

图4-7中，第1行是在COCO 2017训练集下的训练过程曲线，第2行是在COCO 2017验证集下的训练过程曲线。

4.1.3 性能对比分析

本书研究的仿V1目标检测r1版、仿V1目标检测r2版、仿V1目标检测r3版、仿V1目标检测r4版、仿V1目标检测r5版以及仿V1目标检测r6版与现有模型YOLOv5s在COCO 2017数据集上性能对比如表4-2所示。

如表4-2所示，本项目开发的仿V1目标检测r6版在COCO 2017验

表4-2　不同模型在公开数据集COCO 2017上性能对比

网络模型		P	R	mAP (IoU=0.50)	mAP (IoU=0.50:0.95)	mAP(小目标) (IoU=0.50:0.95)	模型参数量/个	模型计算量/ GFLOPs	推理时间 RTX 2060/ms
仿视觉感知皮层算法模型	仿V1目标识别r1版	0.4876	0.2976	0.2976	0.1644	0.044	7367101	15.5	6.7
	仿V1目标识别r2版	0.6702	0.5044	0.5484	0.3484	0.2022	7373485	16.1	6.3
	仿V1目标识别r3版	0.655	0.523	0.561	0.354	0.215	7267741	16.8	4.32
	仿V1目标识别r4版	0.6518	0.5098	0.5494	0.3384	0.205	7375021	15.6	6.3
	仿V1目标识别r5版	0.658	0.5114	0.5554	0.3562	0.2104	7511133	17.2	8.56
	仿V1目标识别r6版	0.678	0.513	0.5618	0.355	0.215	7511901	17.0	8.5
现有模型	YOLOv5s	0.629	0.507	0.543	0.349	0.211	7266973	17.0	4.32
	YOLOv3-tiny	0.459	0.35	0.338	0.161	0.096	8849182	13.2	2.6
	YOLOv3	0.6407	0.6111	0.621	0.416	0.283	61922845	156.3	12.05

注：一般用每秒浮点数计算次数（Floating Point Operation Per Second, FLOPs）来衡量模型的计算量，G代表1024的三次方。

证集上的精确率P、召回率R、均值平均精度mAP（IoU=0.50）以及mAP（IoU=0.50：0.95）均优于现有模型YOLOv5s，比YOLOv5s分别提高了7.79%、1.18%、3.46%和1.72%，并且仿V1目标检测r6版与YOLOv5s的计算量（GFLOPs）基本相当。因此，在COCO公开数据集上的性能指标证明了构建的仿视觉感知皮层目标识别模型在不显著增加模型计算量的前提下可以提高目标识别的精度。

4.2 在自建数据集上性能评估

本节将在自建的地下车库强弱光环境数据集的车辆数据集的验证集上进行性能对比评估，该验证集有8171张图片。该数据集的主要特点是环境整体光照较弱，同时存在车辆刹车灯的强光干扰，可以更好地评估本项目研究的仿视觉感知皮层的目标检测模型在光照变化环境下的综合性能。

本项目研究的仿V1目标检测r1版、仿V1目标检测r2版、仿V1目标检测r3版、仿V1目标检测r4版、仿V1目标检测r5版以及仿V1目标检测r6版与现有模型YOLOv5s在自建的地下车库强弱光环境验证集上性能对比如表4-3所示。

如表4-3所示，开发的仿视觉感知皮层目标检测模型仿V1目标检测r6版在自建的地下车库强弱光环境验证集上的精确率P、均值平均精度mAP（IoU=0.50）以及mAP（IoU=0.50：0.95）均优于现有模型YOLOv5s，比YOLOv5s分别提高了4.95%、6.91%和7.01%。因此，在自建的地下车库强弱光环境验证集上的性能指标证明了构建的仿视觉感知皮层目标检测模型在不显著增加模型计算量的基础上可以提高在光照不定环境下的目标识别的精度。

表4-3 不同模型在自建的地下车库强弱光环境验证集上性能对比

网络模型		P	R	mAP (IoU=0.50)	mAP (IoU=0.50:0.95)	参数量/个	计算量/ GFLOPs	推理时间 RTX 2060/ms
仿视觉感知皮层算法模型	仿V1目标识别r1版	0.6192	0.7174	0.6122	0.4274	7367101	15.5	5.28
	仿V1目标识别r2版	0.5546	0.8134	0.6528	0.4812	7373485	16.1	5.26
	仿V1目标识别r3版	0.554	0.809	0.647	0.478	7267741	16.8	3.38
	仿V1目标识别r4版	0.57	0.8268	0.6702	0.4932	7375021	15.6	5.32
	仿V1目标识别r5版	0.5642	0.807	0.6624	0.493	7511133	17.2	7.22
	仿V1目标识别r6版	**0.5678**	0.8258	**0.681**	**0.504**	7511901	17.0	7.32
现有模型	YOLOv5s	0.541	0.834	0.637	0.471	7266973	17.0	3.38

4.3　存在AI对抗攻击时的目标检测效能

4.3.1　AI对抗攻击图案

在公开数据集COCO 2017的验证集中类别为"stop sign"的验证集上，采用人工智能对抗攻击方法，通过最大化仿V1目标检测r6版和现有模型YOLOv5s的优化代价模型，迭代优化生成针对仿V1目标检测r6版和现有模型YOLOv5s模型的"stop sign"识别AI对抗图案，如图4-8所示。

图4-8　针对仿V1目标识别r6版和YOLOv5s的"stop sign"对抗攻击图案

4.3.2 AI对抗攻击下的目标检测效果分析

本节将在公开数据集COCO 2017的验证集中类别为"stop sign"的验证集上进行性能对比评估，该验证集共有69张图片。将该项性能评估分为无AI对抗攻击噪声干扰评估和有AI对抗攻击噪声干扰评估，其中无AI对抗攻击噪声干扰是指直接在该验证集上进行性能对比。

有AI对抗攻击噪声干扰评估是指将该验证集中每张图片经过100次随机打标（AI对抗图案）后生成的6900张图片及对应的标注文件作为新的验证集进行性能对比。该数据集的主要特点是存在AI对抗攻击噪声，可以更好地评估本项目研究的仿视觉感知皮层的目标检测模型在AI对抗攻击噪声下的综合性能。由前文可知，本书研究开发的6个不同版本的实现方案中仿V1目标检测r6版综合性能最优，因此本节只对仿V1目标检测r6版和现有模型YOLOv5s在无AI对抗攻击噪声干扰和有AI对抗攻击噪声干扰情况下的目标识别结果进行分析，如图4-9所示。

从图4-10、图4-11的检测结果示例中可知，在无AI对抗攻击噪声干扰下，现有模型YOLOv5s和本书研究的仿V1目标检测r6版均可以得到很好的检测结果，但是在有AI对抗攻击噪声干扰下，仿V1目标检测r6版的检测结果明显优于现有模型YOLOv5s。

本书研究的仿V1目标检测r6版和现有模型YOLOv5s在公开数据集COCO 2017的"stop sign"验证集上性能对比定量结果如表4-4所示。

如表4-4所示，在无AI对抗攻击噪声干扰情况下，开发的仿V1目标检测r6版在公开数据集COCO 2017的"stop sign"验证集上的召回率R和均值平均精度mAP（IoU=0.50）均优于现有模型YOLOv5s，比YOLOv5s分别提高了4.75%和4.72%。

（a）无AI对抗攻击噪声干扰

（b）有AI对抗攻击噪声干扰

图4-9　测试图片示例

（a）现有模型识别结果

（b）仿V1目标检测r6版识别结果

图4-10　无AI对抗攻击噪声干扰下目标检测结果示例

（a）现有模型检测结果

（b）仿V1目标检测r6版识别结果

图4-11　有AI对抗攻击噪声干扰下目标检测结果示例

表4-4　不同模型在COCO 2017的"stop sign"验证集上性能对比

	网络模型	P	R	mAP (IoU=0.50)	mAP (IoU=0.50:0.95)
无AI对抗干扰	仿V1目标识别r6版	0.9728	**0.573**	**0.5728**	0.5
	YOLOv5s	0.976	0.547	0.547	0.5
有AI对抗干扰	仿V1目标识别r6版	**0.9426**	**0.3944**	**0.3868**	0.3366
	YOLOv5s	0.93	0.335	0.327	0.286

在有AI对抗攻击噪声干扰的情况下，本书研究的仿V1目标检测r6版和现有模型YOLOv5s的各项指标均下降。相比于无AI对抗攻击噪声干扰情况，现有模型YOLOv5s的精确率P、召回率R、均值平均精度mAP（IoU=0.50）以及mAP（IoU=0.50：0.95）分别降低了4.71%、38.76%、40.22%、42.8%；相比于无AI对抗攻击噪声干扰情况，仿V1目标检测r6版的精确率P、召回率R、均值平均精度mAP（IoU=0.50）以及mAP（IoU=0.50：0.95）分别降低了3.10%、31.17%、32.47%、32.68%。

因此可得出结论：开发的仿V1目标检测r6版相比现有模型YOLOv5s在从无AI对抗攻击噪声干扰到有AI对抗攻击噪声干扰的转变下性能下降较少，即仿V1目标检测r6版比现有模型YOLOv5s的鲁棒性好；在有AI对抗攻击噪声干扰的情况下，开发的仿V1目标检测r6版在公开数据集COCO 2017的"stop sign"验证集上的精确率P、召回率R、均值平均精度mAP（IoU=0.50）以及mAP（IoU=0.50：0.95）均优于现有模型YOLOv5s，比现有模型YOLOv5s分别提高了1.35%、17.73%、18.29%和17.69%。

第 **5** 章

在无人驾驶车辆上的应用验证

本章主要是将第3章构建的类脑目标检测网络在无人驾驶车辆上进行应用，内容包括无人驾驶车辆的发展与分析、面向无人驾驶城市数据集的构建、面向干扰环境无人车交通标志识别、基于视觉目标检测的车臂协同开门四个方面的内容。

5.1　无人驾驶车辆的发展与分析

　　无人驾驶的大规模应用是智慧城市的重要体现，是未来城市发展的重要方向。从政策层面看，2019年国务院印发《交通强国建设纲要》，提出要大力发展智慧交通，推动大数据、互联网、人工智能、区块链、超级计算等新技术与交通行业深度融合，同时要求加强无人驾驶技术研发，形成自主可控完整的产业链。2020年2月，国家发展改革委等11个国家部委联合发布了《智能汽车创新发展战略》，该战略指明了2025年实现有条件自动驾驶的智能汽车规模化生产，2035年到2050年中国标准智能汽车体系全面建成的愿景，全面打造中国模式的自动驾驶生态系统和发展模式。从城市发展和民生需求来看，车辆出行是城市交通中服务民生的最基础且最重要的内容，如何实现无人驾驶出行，是智慧城市建设中首先需要研究和解决的课题。其将从根本上改变我们未来的出行方式，实现巨大的社会效益和经济效益。

5.1.1　无人驾驶车辆的发展

　　1769年，在法国诞生了世界上第一台蒸汽驱动的三轮汽车，从而开启了汽车的研制浪潮。经过近百年的努力，终于在1886年由德国人卡尔·本茨一举奠定了汽车设计基调，虽然只是一辆低马力的三轮车，但卡尔·本茨的设计框架却一直延续使用至今。随着经济水平的不断提高和汽车产业的迅速扩张，国民的购买力度提升，出现了交通拥堵、安全事故和能源危机等一系列问题，为了应对新出现的问题，全球众多国家和研究机构提出了诸多研究计划，如新能源车等。与此同时，随着计算机技术和传感器技术的进步，以及人工智能的不断发展,人们逐渐确定了一个完全不同于以往的研究方向——无人驾驶技术,并为此付出了巨大的努力。时至今日,我们距离这一目标的实现已经越来越近。

无人驾驶系统是一个复杂的系统,算法端的核心可以概述为环境感知、决策和控制三个部分,核心框图如图5-1所示。

图5-1 无人驾驶算法组成示意图

视觉传感器作为无人驾驶系统的设备之一,被广泛应用于物体识别以及物体追踪。尽管在无人驾驶系统中雷达处于当仁不让的主传感器地位,其不仅拥有非常高的准确率,同时产生的数据也不需要作过多的处理。但是在实际应用中,雷达也面临着许多挑战,如成本高、易受环境干扰等。雷达的缺陷使得成本相对较低的视觉传感器开始承担更多的感知任务,成为道路信息获取的主角。现有的无人车通常安装多个视觉传感器以保证无人驾驶系统安全行驶,但是当多个视觉传感器同时工作时,将会产生巨额的数据量。因此,无人驾驶系统通常会根据不同的应用场景,装备不同的传感器,进而融合多种传感器的数据来获取信息。无人驾驶感知系统如图5-2所示。

感知是指无人驾驶系统从环境中获取相应信息的能力。其中,环境感知特指对于环境的场景理解能力,需要获取周围环境的大量信息,例如是否存在障碍物,是否存在道路交通指示标志以及行人、车辆等。决策是系统为了实现某一目的进行的可行性规划,对于无人驾驶车辆而言,这个规划是指如何选取较优路径,使得从出发地到目的地所用时间较短、障碍物较少。控制则反映系统是否有

图5-2 无人驾驶感知系统

效执行上一环节做出的规划。环境感知作为无人驾驶系统的"眼睛",不断地观察系统所处的三维环境,使得系统能够做出正确的决策与控制。

无人驾驶汽车的快速、成规模的发展历程经历了三个不同但又关系密切的时代。早期基于军用背景,为减少战争伤亡而大量制造无人驾驶汽车;谷歌时代的无人驾驶汽车在系统实现远距离无重大事故上迈进了一大步;自动驾驶时代,无人驾驶汽车从军用走向商用,与此同时,世界范围内涌现出多家商业巨头,无人驾驶技术得到了广泛发展。

目前为各大研究团队所认同使用的无人驾驶标准为美国国家公路交通安全管理局(NHTSA)于2013年发布的汽车自动化标准,共分为五个级别:0~4级,以应对无人驾驶车辆研发的大规模化。具体情况如下:

0级:无自动化。汽车不具有任何无人驾驶功能,汽车的全部操作权完全属于驾驶员,即由人完成车辆的启动、转向和车辆制动等驾驶操作。任何附加的辅助功能,如倒车碰撞提示、车辆偏离车道提示等技术,只要仍需要驾驶员操作的,虽然具有一定的智能化,但都属于0级。

1级:单一功能的自动化。在车辆行驶的过程中,部分操作可以交给车辆自己完成,如车道保持、前车跟踪等功能,本质上是对方向盘或油门和刹车的单一操作。车辆驾驶员只需要集中注意力负责行驶安全,此时脚仍然停留在刹车上,不会手脚同时放开。1级自动化的特点是只有单一的辅助功能。

2级:部分功能自动化。车辆和驾驶员分享操作权,与1级相比,2级的无人驾驶功能增多,比如同时控制方向盘和油门。在特定的环境下,驾驶员手脚都离开车辆,汽车驾驶权由其无人驾驶功能接管,驾驶员仍然注意行车安全,随时介入接管控制车辆。

3级:有条件的自动化。在一定情况下实现车辆的完全无人驾驶,如在某些特定的路段,如高速公路的定速行驶和路况简单的路段上,车辆的无人驾驶功能完全控制汽车行驶。此时驾驶员可以不再时刻关注汽车安全,只需要在遇到突发情况和进入其他复杂路段时介入接管。

4级:完全自动化。即由车辆的无人驾驶功能负责车辆的所有操作,不再限定路段和路况,只需要乘客或驾驶员给出目标地点的信息,汽车会自己完成所有的操作,安全快速地将乘客送到目的地,彻底解放驾驶员。

除了NHTSA给出的标准外,美国机动车工程师协会(SAE)也制定了被人广泛接受的分级标准,两种标准的对比如图5-3所示。

SAE将无人驾驶技术分为6个等级,其中0~3级与NHTSA的前四级一致。它们的主要区别在于完全自动化的区分,SAE对其进一步划分,其4级的无人驾驶将特定道路定义为固定的行车路径(如景区的观光线等),是既定路径下的完全无人驾驶,其5级标准是任何路径

自动驾驶分级		名称	定义	驾驶操作	场景
NHTSA	SAE				
L0	L0	人工驾驶	由人完全驾驶汽车	人类驾驶员	无
L1	L1	辅助驾驶	车辆对方向盘或油门的某一项提供操控，其他由人完成	人类驾驶员和车辆	限定场景
L2	L2	部分自动驾驶	车辆对方向盘油门等多项操作提供操控，其他由人完成	人类驾驶员和车辆	限定场景
L3	L3	条件自动驾驶	由车辆完成绝大部分操控，人类驾驶员保持注意力	车辆	限定场景
L4	L4	高度自动驾驶	限于道路和环境，由车辆完成全部操作	车辆	限定场景
L4	L5	完全自动驾驶	全部操作由车辆完成	车辆	所有场景

图5-3　自动驾驶分级说明

和路况下的完全无人驾驶。

20世纪50年代，国外即开始无人驾驶车的研究，到80年代，无人驾驶车的技术已经达到了相当高的水平。从无人驾驶车的实际使用效果看，美国和欧洲尤其是德国的成绩最为突出。我国的无人驾驶在20世纪80年代开始开展研究应用，各大企业和高校都在投入极大的研究力量。

国外的无人驾驶研究从20世纪50年代开始，最早出现在美国和欧洲，官方是初期的主要推动者。美国国防高级研究计划局（DARPA）

于20世纪80年代开展了ALV（Autonomous Land Vehicle）项目，并举办了三届无人驾驶挑战赛，如图5-4所示，涌现了一大批优秀高校参赛者，虽然第一届没有一个车队跑完全程而赢得比赛，但仍产生了巨大影响。在2005年的第二届比赛中，参赛的23家车队里只有4家车队在规定时间内跑完全程，其中斯坦福大学的斯坦利车队夺冠，获得200万美金奖金后被谷歌以高薪挖走，直接促进了谷歌无人驾驶技术的飞跃性进步。如图5-5所示为第二次参加比赛的斯坦利"途锐"无人车。该车的感应模块装备了6个雷达，其中5个为多线激光雷达，还有一台高动态范围成像摄像机，每个激光雷达都放在不同的位置，探测距离为70～150m不等。

欧洲的研究机构也取得了相当多的成果，在欧盟官方的推动下，欧洲陆地机器人大赛（European Land-Tobot Trial）也连续举办了多届。和美国的挑战赛不同的是，该赛事目标专注于军事领域，

图5-4　DARPA举办的无人驾驶挑战赛

图5-5　"途锐"无人车

在2014年的比赛中包括了侦察巡逻、搜寻运输物品和爆炸物处理等项目。

　　国外的一些知名企业也加入了无人驾驶车的研究浪潮中，主要包括谷歌（Google）和一些传统汽车企业。Google原是全球最大的搜索引擎公司，信息技术储备极其丰富，也因此为其自动驾驶技术的研发奠定了厚实的基础，其一直主张以"机器人系统"为团队的开发目标，主要是通过在现有车型上进行改装、安装调试其系统使车辆具有无人驾驶功能，所使用的传感器种类丰富，包括激光雷达、摄像头、毫米波雷达和GPS/IMU。2009年，谷歌正式宣布加入无人驾驶的研发，到第二年，谷歌研制的无人驾驶车便在一些城市公路上进行路测，以昂贵的64线激光雷达作为主传感器，结合谷歌地图等在加州山景城开始路测。在2011年，谷歌加强其无人驾驶车的环境智能感知技术，提高了视觉识别能力，并对车型进行了更换。其第一代和第二代公路测试用车如图5-6所示。

图5-6 谷歌第一代和第二代无人车

  Google的无人驾驶汽车采用了64线的激光雷达，能够计算出车辆周围200m内的障碍物深度信息，探测精度能够达到3cm，每秒会产生一百多万个数据点，并结合其他传感器绘制出高精度地图，具有相当高的人工智能水平和更加完整的引导车辆正确行驶的能力，其自动驾驶模式下的行驶测试取得了巨大成功，但与人类驾驶员驾驶车辆的交互以及与交通信号的交互等方面效果并不理想，与目标较小的障碍物的交互表现最佳。

  特斯拉是另一家取得先进成果的无人驾驶技术研发公司，其与Google等公司的不同之处在于，特斯拉并未采用价格高昂的激光雷达传感器，取而代之的是更多成本相对低廉的摄像头，以及超声波传感器和速度呈量级增加的计算机处理器，因此其产品更具有市场竞争力。同时其定位也有所改变，特斯拉的研发目标是利用基于人工智能技术实现的无人驾驶帮助人类驾驶员提高驾驶体验，具有相当高的辅助驾驶功能，但始终不会取代人类驾驶员的位置，驾驶员随时具有接管车辆驾驶的权利，即特斯拉的无人驾驶汽车级别低于Google等。目前特斯拉研制的无人驾驶汽车已经投入量产，其低成本高性能的无人驾驶技术模式使成本下降到市场可接受程度，可观的销量和巨大的利润也为无人驾驶技术的研究形势增火添柴。特斯拉的无人驾驶汽车在其研制的"Autopilot"模式下的路面测试已经达到了2.2亿英里❶。但其激进的目标也导致了一系列的交通事故,引起人们对于无人驾驶安全性的讨论。特斯拉无人驾驶如图5-7所示。

图5-7　特斯拉无人驾驶

　　我国关于无人驾驶的相关研究发展较晚,研究的主体一开始是国内高等院校,后逐渐涌现出以百度为代表的知名企业和新兴创业公司,随着资源的大规模投入,也取得了相当显著的成果。

　　20世纪80年代始,国内高校开始研制无人驾驶技术。1992年,国防科技大学研制出我国第一辆无人驾驶汽车:在一辆国产面包车上安装了车载处理器及各种传感器来完成环境感知,以此信息控制液压系统完成汽车的无人驾驶,由于其保留了方向盘和油门刹车等结构,所以仍然保持原有的人工驾驶性能,同时又能够用计算机进

---

❶　1英里 = 1609.344米

行控制，实现了相当程度的自动驾驶功能。在2011年，由国防科技大学和一汽集团合作生产的无人驾驶车红旗HQ3（如图5-8所示）在从长沙到武汉的286km的高速公路上进行了路测，平均速度87km/h，路上还遭遇了雾霾和降雨等天气状况。上海交通大学也于2006年创立了智能车实验室，其研制的Cyber Tiggo无人驾驶车参加了"跨越险阻2014"挑战赛，比较成功地完成了识别障碍和躲避等任务。解放军交通学院的"军交猛狮Ⅲ号"在2012年10月完成了大约120km的路测，在京津高速公路上实现了12次自主超车，21次被动超车和36次换道等一系列操作，平均速度80km/h。

图5-8　无人驾驶车红旗HQ3

此外，作为国内无人驾驶公司的领军者，百度也投入了大量技术力量于无人驾驶领域。其于2013年宣布启动无人驾驶研究，该项目重点是"百度汽车大脑"，其使用计算机及人工智能技术，模拟人类的大脑思维方式，为无人驾驶的信息处理提供保证。2017年12

月，百度和宝马合作研发的3系GT无人驾驶车完成了在京新高速的30km路测，如图5-9所示，最高速度为100km/h，实现了跟车、变道、超车和掉头等动作。其主要使用了高像素立体摄像头、激光雷达、毫米波雷达和差分GPS。2018年7月，百度的号称L4级别量产自动驾驶小巴士"阿波龙号"宣布正式量产，其为百度推向市场的首款车，如图5-10所示。"阿波龙号"智能车搭载百度研发的Apollo驾

图5-9 百度与宝马公司合作研发的无人驾驶车辆

图5-10 百度阿波龙

驶系统，拥有高精度定位、智能环境感知和智能车辆控制三个模块，基于高精度地图和智能感知，实现了对既定路径的最优规划，预测周围环境的车辆和行人的行为和意图，做出决策并完成对车辆的驾驶。

5.1.2 无人驾驶车辆在视觉感知方面的瓶颈

虽然国内无人驾驶技术研究起步较晚，但经过国家和市场的大力推动，已经有相当多的研究成果，拉近了和国外先进技术的差距。但目前无人驾驶的发展仍然具有瓶颈问题，问题主要集中于感知层面，现有视觉感知系统抗干扰能力不足，仍然无法保障自动驾驶车辆的安全性，需要对感知系统通过新理论进行新设计，迭代优化系统功能，提升车辆可靠性。

目标检测技术是无人驾驶车辆的关键性短板，也是现今无人驾驶车辆实现L4、L5级别自动驾驶的瓶颈技术。比如，近几年特斯拉汽车多次将白色集装箱检测为白云，从而导致了重大事故，如图5-11所示，世界最先进的目标检测网络也会因干扰的存在导致对交通标志误检测。因此，提升目标检测技术的抗干扰性和环境适应性是无人驾驶安全可靠的重要保证。

上述事故的根本原因是，目前基于深度学习的传统目标检测方法难以抵抗干扰、难以适应复杂道路环境。如传统目标检测模型将贴了一小段胶带的"STOP"道路标志识别为"限速85km/h"，如图5-12所示，导致车辆违规行驶；更可怕的例子如2018年的首次无人驾驶致死事故，Uber自动驾驶车辆在夜间光线影响下将一名47岁骑自行车的女子检测为可忽视的"垃圾袋"，导致未作出及时的避碰动作，径直撞向该女士。

图5-11　特斯拉无人车曾4次将白色集装箱误检为白云

图5-12 YOLOv5目标检测网络将停止标志误检为限速标志

5.2 面向复杂城市环境的数据集构建

5.2.1 数据集概述

本项目面向无人装备在城市环境下的作业需求，针对城市环境下典型目标，应用数据工程理论，通过大量人工实地采集、爬取网络实景图像，同时整合少量公开数据集中通用目标的方式，建立了面向典型城市环境的目标检测数据集。该数据集分为13个大类，45个小类，总计115566张图像，为现代化、智能化的城市化作业提供了有力的数据支撑和技术支持。

城市环境一般具有以下特点：

① 人口众多；

② 建筑繁多，其中主要以楼房为主；

③ 车辆繁多，城市中交通情况复杂，各种型号及颜色的车辆繁多；

④ 以公路、加油站、电塔等为主的公共设施繁多。

目前大部分公开数据集仅针对某一类或几类目标，覆盖的范围小，包含的目标种类少，难以满足本项目城市环境下的作业需求。

针对城市环境的以上特点，本项目采取实景拍摄、网络爬取以及抽取公开数据集的方法构建了面向复杂城市环境的数据集。该数据集包含了城市典型目标共12大类，分别为：车辆和车牌、门和锁、楼梯、楼房、电塔、人类、雷达、机场、加油站、充电站、铁路、公路。其中车辆、人类标签为细粒度分类，车辆根据车型、颜色最多可分为16个小类（包括车牌）。整个数据集包含图片共115566张，目标种类多，涵盖范围广。其具体情况如表5-1所示。

表5-1 面向城市环境的数据集概况

类型	序号	类别	来源	最大细粒度类别数	共计/张	备注
典型目标	1	车辆、车牌	地下车库实采、网络爬取	15类（不含车牌类）	22558	其中含车牌7799张
	2	门、锁	室内环境实采		10285	
	3	楼梯	室内环境实采		10046	
	4	城市楼房	城市环境实采、网络爬取		10001	
	5	电塔	城市环境实采、网络爬取		10059	
	6	人类	网络爬取、公开数据整合	2类	18488	
	7	雷达	城市环境实采、网络爬取		4000	
典型场景	8	机场	城市环境实采、网络爬取		3000	
	9	加油站	城市环境实采、网络爬取		5016	
	10	充电站	城市环境实采、网络爬取		5053	
	11	铁路	城市环境实采、网络爬取		5000	
	12	公路	城市环境实采、网络爬取		5320	

该数据集的样本规模量级为十万，按照常用的分配比例6∶2∶2来划分训练集、验证集和测试集。根据这种划分方法得到的训练集图片有65598张，验证集图片有21868张，测试集图片有21869张，预留集有6231张。

　　此外，该数据集全部为人工手动标注。采用的标注软件是LabelImg，如图5-13所示，该标注软件界面简洁，功能全面，操作简单，标签的导出格式可选择YOLO和PascalVOC两种格式。

图5-13　LabelImg标注软件界面

　　该数据集的导出格式一律为VOC格式，其标签文件的后缀名为xml，可以支持大多数主流网络模型的训练。

5.2.2　数据集详细情况

（1）车辆、车牌

车辆和车牌数据包括来自城市地下车库和网络实采图像两个场

景的数据，共22558张，其中带车牌数据有7799张，实地采集于城市地下车库的有11986张，来自网络爬取的有10572张。根据车型、颜色共分为15小类。详细情况如表5-2所示。车辆和车辆数据集如图5-14所示。

表5-2 地下车库车辆细分类数据集概况

序号	颜色	车型	细粒度类别	采集情况	备注
1	白色	轿车	白色轿车	共采集22558张，其中地下车库实地采集11986张，爬取互联网实际图像10572张	其中含车牌数据7799张
2		越野车	白色越野车		
3		面包车	白色面包车		
4	灰色	轿车	灰色轿车		
5		越野车	灰色越野车		
6		面包车	灰色面包车		
7	红色	轿车	红色轿车		
8		越野车	红色越野车		
9		面包车	红色面包车		
10	蓝色	轿车	蓝色轿车		
11		越野车	蓝色越野车		
12		面包车	蓝色面包车		
13	黑色	轿车	黑色轿车		
14		越野车	黑色越野车		
15		面包车	黑色面包车		
16	车牌	无	无	全部地下车库实地采集	共7799张

图5-14 车辆和车牌数据集

（2）门、锁

门和锁数据集包括来自两个场景的数据，共10285张，其中3285张实地采集于室内环境，7000张来自网络爬取，如图5-15所示。

图5-15 门和锁数据集

（3）楼梯

楼梯数据全部采集于城市室内环境，共10046张，如图5-16所示。

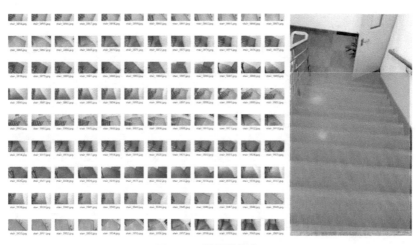

图5-16 楼梯数据集

（4）城市楼房

城市楼房数据包括来自两个场景的数据，共10001张，其中3001张实地采集于城市环境，7000张来自网络爬取，如图5-17所示。

图5-17 城市楼房数据集

（5）电塔

电塔数据包括来自两个场景的数据，共10059张，其中3059张来自实地采集，7000张来自网络爬取，如图5-18所示。

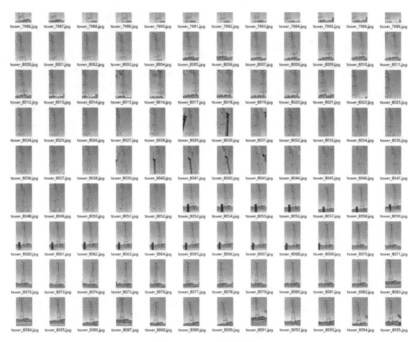

图5-18 电塔数据集

（6）人类

人类数据中13388张整合自公开的VOC数据集，5100张来自网络爬取。详细情况如图5-19所示。

（7）机场

机场数据共3000张，全部来自于网络爬取，如图5-20所示。

图5-19 人类数据集

图5-20 机场数据集

（8）加油站

加油站数据包括来自两个场景的数据，共5016张，其中2016张实地采集于城市环境，3000张来自网络爬取，如图5-21所示。

图5-21 加油站数据集

（9）充电站

充电站数据包括来自两个场景的数据，共5053张，全部来自网络爬取，如图5-22所示。

图5-22 充电站数据集

（10）铁路

铁路数据包括来自两个场景的数据，共5000张，其中1500张实地采集于城市环境，3500张来自网络爬取，如图5-23所示。

图5-23 铁路数据集

（11）公路

公路数据包括来自两个场景的数据，共5320张，其中1500张实地采集于城市环境，3820张来自网络爬取，如图5-24所示。

图5-24 公路数据集

类脑智能目标检测原理及应用

5.3　面向干扰环境无人车交通标志识别

5.3.1　应用验证系统简介

　　面向干扰环境无人车交通标志识别系统是一种基于轮式无人车平台的交通标志识别演示验证系统，如图5-25所示。通过装备仿视觉感知皮层目标识别算法，可以在存在遮挡、弱光照、物理噪声及AI对抗攻击噪声干扰的环境下实现鲁棒性的交通标志识别。

　　该系统的软件硬件配置如表5-3所示。在硬件配置上，车辆本体采用SCOUT2.0轮式底盘车，底盘车上主要搭载了TW-T609车载计算平台以及Intel RealSense D455深度相机。TW-T609车载计算平台上装备了仿视觉感知皮层目标识别演示系统，可对Intel RealSense D455深度相机获取的实时视频流进行目标识别及对比展示。

表5-3　面向干扰环境无人车交通标志识别系统的软硬件配置

项目	名称	数量
硬件配置	SCOUT2.0轮式底盘车	1
	Intel RealSense D455深度相机	1
软件配置	Ubuntu 18.04操作系统	1
	仿视觉感知皮层目标识别演示系统	1

　　SCOUT2.0轮式底盘车是一款全能型无人地面车辆，其外形尺寸如图5-26所示。它是一款采用模块化、智能化设计理念的多功能行业应用移动机器人开发平台，具有强大载荷能力和强劲动力系统，具有广泛的应用领域，其性能参数如表5-4所示。

图5-25 面向干扰环境无人车交通标志识别系统

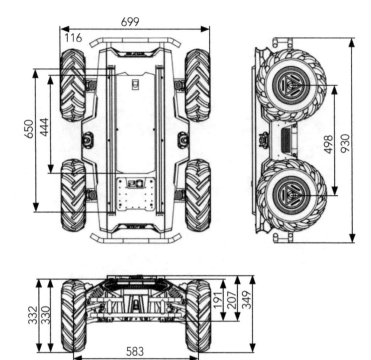

图5-26 SCOUT2.0轮式底盘车外形尺寸（单位：mm）

表5-4 SCOUT2.0轮式底盘车性能参数

参数类型	参数名称	指标
机械参数	长×宽×高/（mm×mm×mm）	930×699×348
	轴距/mm	498
	前/后轮距/mm	582/582
	车体质量/kg	65～68
	电池类型	锂电池24V 30Ah
	电机	直流无刷4×400W

续表

参数类型	参数名称	指标
机械参数	减速箱	1：40
	驱动形式	四轮独立驱动
	悬架	单摇臂独立悬架
	转向	四轮差速转向
	安全装备	伺服刹车/防撞管
动力性参数	空载最高车速/（m/s）	1.5
	最小转弯半径	可原地转弯
	最大爬坡能力/（°）	30
	最小离地间隙/mm	135
控制参数	控制模式	遥控控制、控制指令模式
	遥控器	2.4G/极限距离1km
	通信接口	CAN/RS232

Intel RealSense D455深度相机如图5-27所示，其性能参数如表5-5所示。

图5-27　Intel RealSense D455深度相机

表5-5　Intel RealSense D455性能参数

参数名称	参数指标
工作环境	室内/室外
深度范围/m	0.4~10
功耗/mW	360
RGB传感器	OV9782
RGB彩色图分辨率	1280×800，30帧每s
深度图分辨率	1280×800，90帧每s
视场角FOV/（°）	86×57
快门形式	全局快门
测距原理	主动红外
惯性测量单元（IMU）	BMI055

5.3.2 应用验证场景介绍

为了验证干扰环境无人车交通标志检测系统的有效性，布置了室内场景、地下场景以及室外场景下的3种模拟验证场景，模拟验证场景的难点涵盖了遮挡、弱光照、物理噪声以及AI对抗攻击噪声干扰。系统验证场景列表如表5-6所示。

表5-6 系统验证场景列表

验证场景	交通标志名称	难点
室内场景	禁止鸣喇叭	AI对抗攻击噪声干扰
	停车让行	遮挡、AI对抗攻击噪声干扰
地下场景	禁止鸣喇叭	弱光照、AI对抗攻击噪声干扰
	停车让行	弱光照、遮挡
室外场景	左转	物理噪声干扰
	禁止鸣喇叭	AI对抗攻击噪声干扰
	停车让行	遮挡

室内场景无人车交通标志检测系统验证场景如图5-28所示。

图5-28 室内场景无人车交通标志检测系统验证场景

地下弱光场景无人车交通标志检测系统验证场景如图5-29所示。

图5-29　地下弱光场景无人车交通标志检测系统验证场景

室外场景无人车交通标志检测系统验证场景如图5-30所示。

图5-30　室外场景无人车交通标志检测系统验证场景

5.3.3 应用验证效果及对比分析

下文主要展示了干扰环境无人车交通标志检测系统在室内场景、室外场景以及地下场景下的验证效果，并对本书研究的仿视觉皮层模型和传统模型的检测结果进行了对比分析。

（1）室内场景

室内场景无人车交通标志识别系统检测效果如图5-31所示。

图5-31 室内场景下交通标志"禁止鸣喇叭"检测结果

图5-31展示了室内场景下"禁止鸣喇叭"标志在仿视觉皮层模型和传统模型上的检测结果。在该场景下，左侧的"禁止鸣喇叭"存在AI对抗攻击噪声干扰，右侧的"禁止鸣喇叭"保持正常状态。从图中可看出，对于正常状态下的"禁止鸣喇叭"，两个模型都能够准确地检测。但对于经过AI对抗攻击噪声干扰后的"禁止鸣喇叭"，传统模型错误地检测成"停车让行"，而仿视觉皮层模型仍然可以准确地检测出该交通标志是"禁止鸣喇叭"。

图5-32展示了室内场景下"停车让行"标志在仿视觉皮层模型和传统模型上的检测结果。在该场景下，左侧的"停车让行"存在遮挡和AI对抗攻击噪声干扰，右侧的"停车让行"保持正常状态。从图中可看出，对于正常状态下的"停车让行"，两个模型都能够准确识别。但对于经过遮挡和AI对抗攻击噪声干扰后的"停车让行"，传统模型检测失效，而仿视觉皮层模型仍然可以准确地检测出该交通标志是"停车让行"。

图5-32　室内场景下交通标志"停车让行"检测结果

根据上述的系统验证效果对比分析可得，本书所研究的仿视觉皮层模型在存在遮挡和AI对抗攻击噪声干扰的室内场景下的交通标志检测鲁棒性优于传统模型。

（2）地下场景

图5-33中展示了地下场景下"禁止鸣喇叭"标志在仿视觉皮层模型和传统模型上的检测结果。在该场景下，左侧的"禁止鸣喇叭"存在AI对抗攻击噪声干扰，右侧的"禁止鸣喇叭"保持正常状态。从图中可看出，对于正常状态下的"禁止鸣喇叭"，两个模型都能够准确检测。但对于经过AI对抗攻击噪声干扰后的"禁止鸣喇叭"，传统模型检测失效，而仿视觉皮层模型仍然可以准确地检测出该交通标志是"禁止鸣喇叭"。

图5-33 地下场景下交通标志"禁止鸣喇叭"检测结果

图5-34中展示了地下场景下"停车让行"标志在仿视觉皮层模型和传统模型上的检测结果。在该场景下，左侧的"停车让行"存在遮挡，右侧的"停车让行"保持正常状态。从图中可看出，对于正常状态下的"停车让行"，两个模型都能够准确检测。但对于经过遮挡后的"停车让行"，传统模型检测失效，而仿视觉皮层模型仍然可以准确地检测出该交通标志是"停车让行"。

图5-34　地下场景下交通标志"停车让行"检测结果

　　根据上述的系统验证效果对比分析可得，本书所研究的仿视觉皮层模型在存在遮挡、弱光照、物理噪声以及AI对抗攻击噪声干扰的地下场景下的交通标志识别鲁棒性优于传统模型。

　　（3）室外场景

　　室外场景无人车交通标志识别系统识别效果如图5-35～图5-37所示。

　　图5-35展示了室外场景下"左转"标志在仿视觉皮层模型和传统模型上的检测结果。在该场景下，左侧的"左转"存在物理噪声干扰，右侧的"左转"保持正常状态。从图中可看出，对于正常状态下的"左转"，两个模型都能够准确检测。但对于经过物理噪声干扰后的"左转"，传统模型的检测失效，而仿视觉皮层模型仍然可以准确地检测出该交通标志是"左转"。

（a）

（b）

图5-35　室外场景下交通标志"左转"检测结果

类脑智能目标检测原理及应用

图5-36中展示了室外场景下"禁止鸣喇叭"标志在仿视觉皮层模型和传统模型上的检测结果。在该场景下，左侧的"禁止鸣喇叭"存在AI对抗攻击噪声干扰，右侧的"禁止鸣喇叭"保持正常状态。

（a）

（b）

图5-36 室外场景下交通标志"禁止鸣喇叭"检测结果

从图中可看出，对于正常状态下的"禁止鸣喇叭"，两个模型都能够准确检测。但对于经过AI对抗攻击噪声干扰后的"禁止鸣喇叭"，传统模型检测失效，而仿视觉皮层模型仍然可以准确地检测出该交通标志是"禁止鸣喇叭"。

图5-37中展示了室外场景下"停车让行"标志在仿视觉皮层模型和传统模型上的检测结果。在该场景下，左侧的"停车让行"存在遮挡，右侧的"停车让行"保持正常状态。从图中可看出，对于正常状态下的"停车让行"，两个模型都能够准确检测。但对于经过遮挡后的"停车让行"，传统模型检测失效，而仿视觉皮层模型仍然可以准确地检测出该交通标志是"停车让行"。

根据上述的系统验证效果对比分析可得，本书研究的仿视觉皮层模型在存在遮挡、物理噪声以及AI对抗攻击噪声干扰的室外场景下的交通标志识别鲁棒性优于传统模型。

图5-37 室外场景下交通标志"停车让行"识别结果

5.4 基于视觉目标检测的车臂协同开门

5.4.1 应用验证系统简介

基于视觉目标检测的车臂协同开门系统是一款基于履带式无人车平台的类脑模型与传统模型对比演示系统。如图5-38所示，将目标检测对比演示系统安装在无人车上，可以更好地模拟在室内环境下执行任务的过程，直观地呈现本书所构建的仿视觉皮层模型与传统模型的识别效果对比。

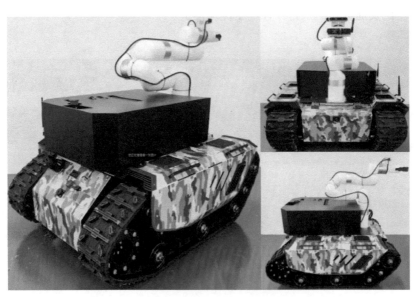

图5-38 基于视觉目标识别的车臂协同开门系统

如表5-7所示，该平台车辆主体采用BUNKER履带式底盘车，操作机械臂采用xArm 6机械臂，机械臂末端装有xArm机械爪及Intel RealSense D435双目深度相机。机械臂后端配有车载Intel Core I7计算单元（绿色部分），该计算单元上安装有Intel RealSense D435双目深度相机。平台后部为移动供电设备（24V 50Ah），该设备后端为车载机械臂控制器。同时，车辆侧方装有Maestro51全高清图数一体传输设备，使平台具备了远程数据传输的能力。同时该平台配有仿视觉感知皮层目标检测演示系统，可对视频流进行不同模型的实时目标检测对比及分析。

表5-7　基于视觉目标检测的车臂协同开门系统的软硬件配置

项目	名称	数量
硬件配置	BUNKER履带式底盘车	1
	xArm 6机械臂	1
	机械臂直流控制器	1
	xArm机械爪	1
	Maestro51全高清图数一体传输设备	1
	移动供电设备（24V 50Ah）	1
	Intel RealSense D435双目深度相机	2
软件配置	Windows 10操作系统	1
	仿视觉感知皮层目标识别演示系统	1

该对比验证系统搭载的BUNKER履带式底盘车具有操作简单灵敏、爬坡能力强、可爬楼梯等特点，可用于执行巡检勘探、救援排爆、特种侦察等任务。其外形尺寸参数如图5-39所示。

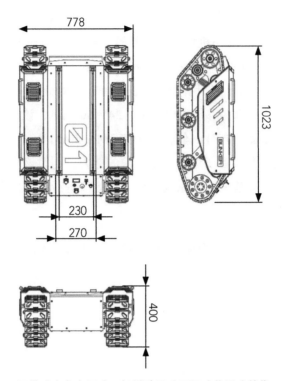

图5-39　履带式底盘车尺寸、机械臂尺寸及运动范围（单位：mm）

BUNKER履带底盘车的其他参数如表5-8所示。

表5-8　BUNKER履带式底盘车性能参数

参数名称	指标
自重/kg	约130
载重/kg	70
最大爬坡/（°）	30
最大速度/（m/s）	1.5
最小转弯半径	可原地自转

续表

参数名称	指标
最大越障/mm	170
电机参数	2×650W无刷伺服
码盘参数	1024线
工作温度/℃	−10~45
减速比	1：15
遥控器	2.4G/极限距离
通信接口	CAN/RS232

该系统搭载的xArm6机械臂如图5-40所示，该机械臂主要用于在识别到门和锁以后执行开门任务。其参数如表5-9所示。

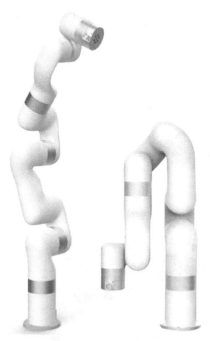

图5-40 xArm6机械臂

表5-9　xArm6机械臂性能参数

参数名称	参数值
负载/kg	5
臂展/mm	700
自由度	6
重复定位精度/mm	±0.1
最高速度/（m·s^{-1}）	1
质量/kg	12.2
控制器质量/kg	3.8
控制器尺寸/（mm×mm×mm）	260×180×100

该系统还搭载了xArm系列机械爪（如图5-41所示）用于抓住门把手进行开门。该机械爪的具体参数如表5-10所示。

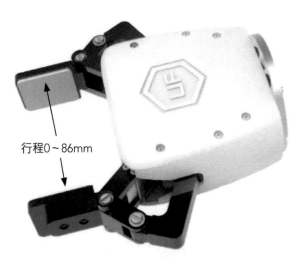

行程0～86mm

图5-41　xArm系列机械爪

表5-10 xArm系列机械爪性能参数

参数类型	参数名称	参数值
控制方式	通信方式	RS485
	通信协议	Modbus RTU
	可编程参数	速度、位置、电流
	状态指示	错误代码、电源状态
	反馈	电流、位置
技术参数	额定电压	24V DC
	最大输入电压	28V DC
	静态功耗/W	1.5
	峰值电流/A	1.5
	最大夹持力度/N	30
	质量/g	822

Intel RealSense D435深度相机如图5-42所示，其性能参数如表5-11所示。

图5-42 Intel RealSense D435深度相机

表5-11　Intel RealSense D435性能参数

参数	指标
工作环境	室内/室外
推荐工作范围/m	0.2~3
最大工作范围/m	0.11~10
深度图像分辨率	1280×720@30fps/848×480@90fps
深度视场/（°）	86×57（±3）
RGB传感器技术	2MP/全局快门
精度误差/%	<2（2m内）
IMU	无
尺寸/（mm×mm×mm）	90×25×25

　　该平台搭载的仿视觉感知皮层目标检测演示系统是一款应用多线程技术在同一视频流中同时运行多个目标检测模型及分析其检测效果的演示对比分析软件。该软件同时支持视觉传感器实时对比检测。无人车验证平台上的视觉传感器将视频流通过Maestro51全高清图数一体无线传输设备实时传输到仿视觉感知皮层目标检测演示系统软件中。如图5-43所示，左侧为仿视觉皮层模型的检测效果，右侧为传统目标检测模型的检测效果。

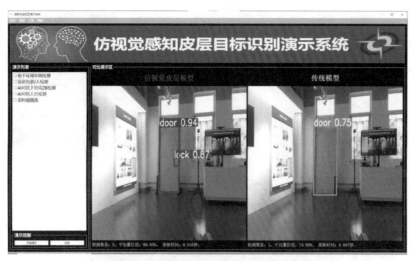

图5-43　基于实时视频流的检测效果对比

5.4.2　系统验证场景介绍及验证效果对比分析

本书通过无人车验证平台进行基于计算机视觉的智能开门演示实验，最终在仿视觉感知皮层目标检测演示系统中验证仿视觉皮层模型的目标检测效果。

以下是基于视觉目标检测的车臂协同开门系统在上述验证场景下的验证效果及对比分析：

① 当无人车远离门、锁时，门、锁目标在视频流中属于小目标，较难检测。传统的网络模型容易出现置信度低、漏检等情况，而仿视觉皮层的类脑网络模型在此条件下仍可以准确无误地检测出门和锁，如图5-44所示。

② 当无人车离门过近时，目标在视频流中有残缺，全局信息不全，较难检测。传统的网络模型容易出现置信度低或漏检等情况，而仿视觉皮层的类脑网络模型在此条件下仍可以准确无误地识别出

图5-44 远距离识别效果对比

门、锁等目标，其效果如图5-45所示。其中，图中左侧仿视觉皮层模型识别效果中的橘黄色方框为模型检测到的门。

③ 当机械臂执行开门操作时，运动中的机械臂会对视频流中的门、锁等目标造成遮挡，传统模型依靠数据驱动，难以识别遮挡目标，对准确率产生影响。而仿视觉皮层模型在此条件下仍可以准确无误地检测出门、锁等目标，并启动机械臂顺利开门。其开门流程及检测效果如图5-46所示。

图5-45 不完整目标识别效果对比

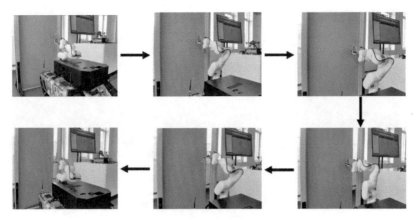

图5-46 机械臂自动开门流程

综上所述，相比于传统深度网络模型，本项目构建的仿视觉皮层模型具备更好的鲁棒性。无论是针对小目标、残缺目标或是被遮挡的目标都具有良好的检测效果。

第 6 章

类脑目标检测系统的综合评价

现有目标检测系统评估指标单一，评估结果不全面，制约了目标检测技术尤其是基于类脑目标检测技术的发展。现有的目标识别评价指标均围绕算法在数据集上的识别精度设定，实际上在真实应用领域往往更加关心算法的稳定性、鲁棒性、部署难易程度、计算资源消耗等指标，而现有的指标体系没有这方面的讨论，造成了部分识别算法在数据集上精度良好，但在实际应用过程中效果不理想的情况，同时对精度的单一追求阻碍了类脑检测算法这类注重解决实际问题的技术的发展。

本章重点研究目标检测系统的评价指标、基于层次分析法与隶属度分析法的目标识别系统评估模型构建方法，实现针对目标识别系统的更全面、更精准的评估。

6.1 构建综合评价模型的总体思路

首先,构建指标评价项和测试标准;然后,基于层次分析法将目标识别模型评价问题层次化,根据问题的性质和所要达成的总目标,将问题分解为不同的层次指标,并确定合理权重;接着,利用目标识别模型数据构建隶属度函数,利用隶属度分析法确定这些指标隶属度;最后,依据模型参数和指标测试结果对待评测网络进行综合评估。总体思路如图6-1所示。

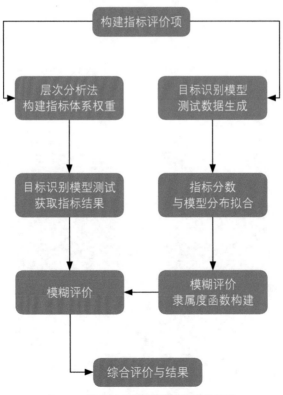

图6-1 构建综合评价模型的总体思路

面向类脑目标检测系统的评价系统由测试数据群、评价软件、类脑目标识别模型、测试计算主机组成，各个模块的功能如下：

类脑目标识别模型：该模型为被评测对象，实现图像目标识别功能，由待评测方提供，一般为深度学习或仿视觉皮层网络。

评价软件：软件最大特点是使用了基于层次分析法与模糊评价方法融合的改进评测方法，实现了从评价体系构建到评估结果输出的全流程网络评估。

测试数据群：该模块存储常用公开数据集（如COCO、VOC等），同时可根据指标评测需要构建定制化数据集，如光照变化测试数据集、遮挡测试数据集等。

测试计算主机：计算主机为定制化工控机，有一定性能要求，为评测的计算过程提供硬件支撑。

总体评价流程如下：

① 构建体系：根据任务需要定制化构建评价体系，加载相关参数。如本次评价重点在小目标的鲁棒性，则设计指标时重点添加小目标准确度、小目标鲁棒性等指标。

② 选择测试项：根据构建的指标体系，选择对应的测试数据集与测试项目（光照变化测试数据集、能耗测试、资源消耗测试等）。

③ 开展测试：开展流程化测试，依次按照测试流程完成体系中各个指标的测试，获取测试结果。

④ 评估结果：将指标测试结果输入评估模型，将专家参数引入模型，利用基于层次分析与隶属度融合的模型对网络优劣进行评判和打分。

⑤ 结果存储：保存评估模型和相关参数，记录评估过程。

6.2 综合评价的具体实现过程

（1）前端界面设计

前端界面包括两部分：第一部分是评估体系构建界面，可通过操控按钮定制化构建多层次的评价模型，如图6-2所示；第二部分为参数输入界面。

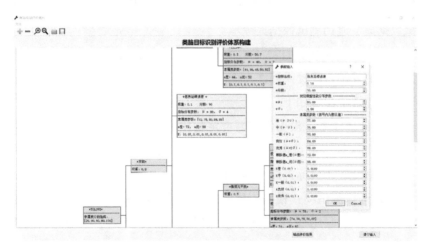

图6-2 评价软件界面示意图

评价模型构建过程将输入专家权重、该指标群体模型的分布情况、隶属度参数等。

评价模型构建完成后进行指标测试，获得指标评估结果，输入指标体系。

点击"输出评价结果"，进入评价结果展示界面。界面包含两部分内容，一部分是层次化评价结果，包括分数和隶属于"[优、良、一般、中、差]"的隶属度矩阵，如图6-3所示；另一部分是指标的可视化结果（如图6-4所示），包括该指标的统计数据以及隶属度函数的可视化展示。

图6-3　评价模型的层次化评价结果示例

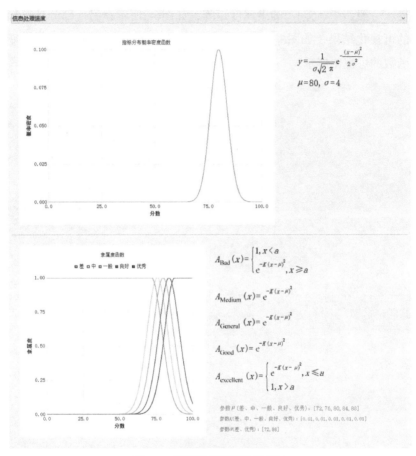

图6-4 指标得分可视化效果图

（2）后端算法设计

评估软件采用了层次分析法与模糊评价法相融合的后端算法，算法运行流程和原理如下：

① 基于层次分析法的评价体系模型构建。该步骤主要构建体系化指标模型，同时引入实际需求对指标权重进行确定和检验。如图6-5所示，首先构建层次分析结构模型。该模型主要分为三个层次：

最高的目标层描述了决策的目的和要解决的问题；中间的准则层描述评价时的考虑因素，即评价指标；最底层表示评价对象，在本书中其代表的是类脑目标识别网络。

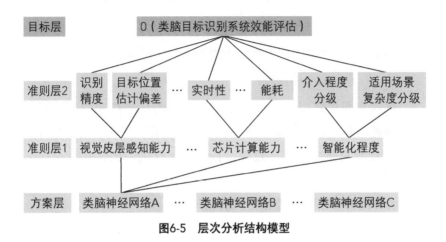

图6-5　层次分析结构模型

上述指标经过整理，构建成层次化指标体系，在指标体系基础上利用层次分析法确定各个指标的权重，过程如下：

首先是获取判断矩阵：

判断矩阵的构建基于专家对各层次指标的相互比较，子系统将提供一个比较界面供专家进行比较打分，每个专家的打分结果将形成 $n+1$ 个判断矩阵，其中 n 代表准则层1的类别数目。判断矩阵度量表如表6-1所示。

表6-1　判断矩阵标度表

标度	含义
1	表示两个因素相比，具有同样重要性
3	表示两个因素相比，一个因素比另一个因素稍微重要
5	表示两个因素相比，一个因素比另一个因素明显重要

标度	含义
7	表示两个因素相比，一个因素比另一个因素强烈重要
9	表示两个因素相比，一个因素比另一个因素极端重要
2，4，6，8	上述两相邻判断的中值
倒数	因素 i 与 j 的判断 a_{ij}，则因素 j 与 i 比较的判断 $a_{ji}=1/a_{ij}$

然后是判断矩阵的检验：

获取判断矩阵以后，由于通用性指标的多样性和问题的复杂性，判断矩阵一般不能保证指标相对关系不存在任何矛盾的地方，所以要检测校验矩阵的一致性，让判断矩阵的一致性在可接受范围内。

具体的检验方法是利用以下公式：

$$CR = \frac{CI}{RI} < 0.1$$

式中，CI 代表判断矩阵中除最大特征值外其他特征值的负平均值，RI 代表随机一致性指标，计算方法如下式所示：

$$RI = (CI_1 + CI_2 + \cdots CI_n) / n$$

式中，n 为阶数，CI_n 为各个判断矩阵的 CI 值。

如果判断矩阵不满足一致性检验，需反馈专家重新评价，调整判断矩阵。

当判断矩阵满足一致性检验后，子系统将对其进行求解特征值和对应的特征向量。对应最大特征值的特征向量为该层各属性权重，最终的指标权重在这一向量基础上进行归一化处理。得到每一层的指标权重后，根据权重和指标得分，可以逐层计算得到每一层次下的得分。

② 模糊评价模型构建。指标体系中每个指标的分数意义不明确，不能直观体现模型的优劣，因此考虑将评估结果放到模糊尺度

内进行评判，得到隶属度矩阵和最终的优、良、一般、中、差结果，具体的构建步骤如下：

确定隶属度函数的参数：

隶属度函数以正态分布函数为基础，最重要的函数参数是均值和方差，均值和方差的确定需要通过统计同类型目标识别网络模型的数据得到。

首先，对同类型目标识别模型实施测试，统计各类指标测试数据；然后，利用正态分布概率密度函数拟合各个网络模型在某一指标上的分布情况，获取拟合参数μ和δ作为计算隶属度函数的基础。正态分布拟合函数的公式如下：

$$y = f(x|\mu, \delta) = \frac{1}{\sigma\sqrt{2\pi}} \, e^{-\frac{(x-\mu)^2}{2\sigma^2}}$$

式中，μ为均值和δ为方差。

构建隶属度函数：

首先，隶属度函数分为差、中、一般、良、优五个等级，各个等级的函数形式如图6-6所示。

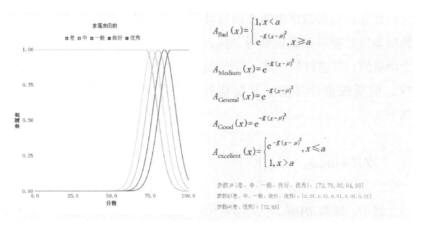

图6-6 隶属度函数

$$A_{差}(x) = \begin{cases} 1, & x < a_{差} \\ e^{-K_1(x-\mu_{差})^2}, & x \geq a_{差} \end{cases}$$

$$A_{中}(x) = e^{-K_2(x-\mu_{中})^2}$$

$$A_{一般}(x) = e^{-K_3(x-\mu_{一般})^2}$$

$$A_{良}(x) = e^{-K_4(x-\mu_{良})^2}$$

$$A_{优}(x) = \begin{cases} e^{-K_5(x-\mu)^2}, & x < a_{优} \\ 1, & x \geq a_{优} \end{cases}$$

然后，根据拟合参数计算隶属度函数参数，构建的隶属度集合为[差、中、一般、良好、优秀]，其中各个隶属度的参数$\mu_{隶属度}$为[$\mu_{差}$、$\mu_{中}$、$\mu_{一般}$、$\mu_{良}$、$\mu_{优}$]，由拟合参数计算得到[差（$\mu-2\delta$）、中（$\mu-\delta$）、一般（μ）、良（$\mu+\delta$）、优（$\mu+2\delta$）]。

另外K为补偿参数，也是五组，$K_1 \sim K_5$对应差、中、一般、良、优，默认值均为0.01。

评估计算过程：

根据实验数据、性能测试、专家经验、理论分析等对每个评价指标进行赋值，由下到上、层层递进地对每个评价指标进行模糊综合评价。

首先，后台根据隶属度函数计算最后一层指标得分的归一化隶属度矩阵。把待测试模型得分代入隶属度函数，获得优良中差等各个函数值，并进行归一化，如结果[0.4，0.2，0，2，0.18，0.02]。然后，根据权重计算前面几层指标的隶属度矩阵，具体计算公式如下：

$$AR = [a_1, a_2, \cdots, a_p] \begin{bmatrix} r_{11} & r_{11} & \cdots & r_{1m} \\ r_{21} & r_{11} & \cdots & r_{1m} \\ \cdots & \cdots & \cdots & \cdots \\ r_{p1} & r_{11} & \cdots & r_{pm} \end{bmatrix} [b_1, b_2, \cdots, b_m] = B$$

式中，矩阵R中第i行、第j列元素r_{ij}表示某个被评事物从某因素来看对模糊子集的隶属度；b_j是由A与R的第j列运算得到的，它表示被评事物从整体上看对等级模糊子集的隶属程度。

最后，计算最终得分。获取首层综合评价的隶属度矩阵，与隶属度分数矩阵（该矩阵通过界面输入获得，可以调整）相乘获得最终得分。其中[差、中、一般、良、优]=[20、40、60、80、100]。

采用加权平均的方法将最终评判等级b_j与其对应的分值相结合，计算出总评分V'，即

$$V' = \frac{\sum\limits_{j=1}^{n} b_j v'_j}{\sum\limits_{j=1}^{n} b_j}$$

6.3 指标评测方法与流程

指标体系的构建分为两部分：一部分是效能类指标，包括准确率、召回率、信息处理速度和遮挡、伪装、光照变化等情况下的鲁棒性等几种；另一部分是代价类指标，包括占用算力、能耗消耗、样本数据消耗三种。具体的评测过程如下：

（1）准确率

利用COCO数据集的训练集训练网络，并在COCO大型数据集的测试集上对网络进行准确率测试，计算公式见1.2.2小节。

（2）召回率

利用COCO数据集的训练集训练网络，并在COCO大型数据集的测试集上对网络进行准确率测试，计算公式见1.2.2小节。

（3）信息处理时间

构建由COCO图片组成的30帧每秒的时长1min的测试视频，利用

计算机时钟统计模型完成视频加载到视频处理结束的时间，计算单帧图像的平均处理时间作为最终信息处理时间。

（4）遮挡、伪装、光照等鲁棒性测试

构建自定义的遮挡、伪装、光照等鲁棒性数据群，每类数据集样本数1000张，分别测试网络在各个数据测试集上的AP（Average Precision）数值，作为评价指标。AP计算的过程如下：

步骤一：构建PR（Precision-Recall）曲线

利用准确率与召回率计算公式，随着输入图片的数量增加，分别计算召回率为0.1，0.2，0.3，……，1时准确率的数值变化，构建PR曲线图，如图6-7所示。

步骤二：计算确定性召回下的精准度，并作为指标得分。

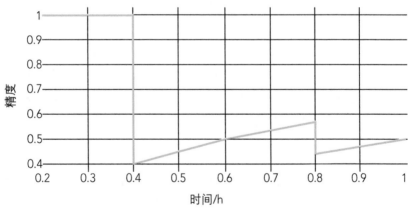

图6-7 PR曲线示意图

（5）占用算力

以1h为测试时间，以1s为单位时间，从系统中获取模型计算进程的GPU计算量，最终将1h内使用情况进行单秒平均，获取GPU的FLOP计算总量作为评价结果。

（6）网络大小

利用网络结构分析工具分析网络层的结构，并统计各个网络层和整个网络的参数量，作为网络大小的统计指标。

总结与展望

本书以"需求分析——仿生机理——网络构建——效能测试——应用示范——系统评价"为主线，系统、全面地介绍了类脑智能目标检测网络的构建原理、方法、过程及应用。

本书的创新之处在于：提出了一种仿大脑初级视觉皮层感知机理的目标检测网络构建方法，可提升网络模型的环境适应性与AI对抗鲁棒性。针对现有目标检测模型的抗干扰能力差的问题，基于大脑初级视觉皮层的生物学机制，提出了受视觉皮层启发的多层级、多通路、注意力编码的目标检测深度网络模型。与现有模型相比，仿视觉感知皮层的目标检测模型针对遮挡、物理噪声及AI对抗噪声干扰情况具有较高的环境适应性和抗干扰能力。

本书的研究内容可应用于：复杂道路环境下的自动驾驶，解决极端干扰场景下的感知瓶颈问题，提升无人驾驶安全性和可靠性；可应用于智能机器人领域，拓展智能机器人感知准确性，提升控制灵活性和有效性；还可应用于巡检、勘探等领域，提升关键目标检测准确性和多种天气环境下的任务适应性。

基于本书的研究成果，展望如下：

在类脑目标检测模型机理方面，基于现有成果，继续深入探究受大脑注意力认知机制与仿视觉皮层感知机理启发的仿生目标检测方法，进一步提高目标检测系统的准确性和鲁棒性。针对复杂环境下训练数据难以获取的问题，探究受脑启发的基于贫信息、小样本数据的目标检测模型训练方法，解决现有目标检测模型对大量训练样本的依赖的问题，提高目标检测系统在复杂环境下的适应能力。

[1] Phil Kim. 深度学习：基于MATLAB的设计实例[M]. 北京：北京航空航天大学出版社，2019.

[2] 谭营. 人工智能之路[M]. 北京：清华大学出版社，2019.

[3] 叶韵. 深度学习与计算机视觉[M]. 北京：机械工业出版社，2018.

[4] 汤晓鸥，陈玉琨. 人工智能基础[M]. 上海：华东师范大学出版社，2018.

[5] 林大贵. TensorFlow+Keras深度学习人工智能实践应用[M]. 北京：清华大学出版社，2019.

[6] 赵小川，何灏. 深度学习理论及实战[M]. 北京：清华大学出版社，2021.

[7] Luo H，Xie W，Wang X，et al. Detect or track：Towards cost-effective video object detection/tracking[C]// Proceedings of the AAAI Conference on Artificial Intelligence. Palo Alto：AAAI Press，2019：8803-8810.

[8] Hariharan B，Arbeláez P，Girshick R，et al. Simultaneous detection and segmentation[C]//European conference on computer vision. Cham：Springer，2014：297-312.

[9] Gupta S，Arbeláez P，Girshick R，et al. Indoor scene understanding with rgb-d images：Bottom-up segmentation，object detection and semantic segmentation[J]. International Journal of Computer Vision，2015，112（2）：133-149.

[10] Wu Q, Shen C, Wang P, et al. Image captioning and visual question answering based on attributes and external knowledge[J]. IEEE transactions on pattern analysis and machine intelligence, 2017, 40（6）: 1367-1381.

[11] Wu J, Osuntogun A, Choudhury T, et al. A scalable approach to activity recognition based on object use[C]//2007 IEEE 11th international conference on computer vision. Rio de Janeiro: IEEE, 2007: 1-8.

[12] Viola P, Jones M. Rapid object detection using a boosted cascade of simple features[C]//Proceedings of the 2001 IEEE computer society conference on computer vision and pattern recognition. CVPR 2001. Kauai: IEEE, 2001: 1-1.

[13] Felzenszwalb P, McAllester D, Ramanan D. A discriminatively trained, multiscale, deformable part model[C]//2008 IEEE conference on computer vision and pattern recognition. Anchorage, AK, USA: IEEE, 2008: 1-8.

[14] Krizhevsky A, Sutskever I, Hinton G E. Imagenet classification with deep convolutional neural networks[J]. Advances in neural information processing systems, 2012, 25: 1097-1105.

[15] Papageorgiou C P, Oren M, Poggio T. A general framework for object detection[C]//Sixth International Conference on Computer Vision（IEEE Cat. No. 98CH36271）. Bombay, India: IEEE, 1998: 555-562.

[16] Ojala T, Pietikainen M, Maenpaa T. Multiresolution gray-scale and rotation invariant texture classification with local binary

patterns[J]. IEEE Transactions on pattern analysis and machine intelligence, 2002, 24（7）: 971-987.

[17] Dalal N, Triggs B. Histograms of oriented gradients for human detection[C]//2005 IEEE computer society conference on computer vision and pattern recognition（CVPR' 05）. San Diego, CA, USA: IEEE, 2005: 886-893.

[18] Felzenszwalb P F, Girshick R B, McAllester D, et al. Object detection with discriminatively trained part-based models[J]. IEEE transactions on pattern analysis and machine intelligence, 2009, 32（9）: 1627-1645.

[19] Felzenszwalb P F, Girshick R B, McAllester D. Cascade object detection with deformable part models[C]// 2010 IEEE Computer society conference on computer vision and pattern recognition. San Francisco, CA, USA: IEEE, 2010: 2241-2248.

[20] Girshick R, Donahue J, Darrell T, et al. Rich feature hierarchies for accurate object detection and semantic segmentation[C]// Proceedings of the IEEE conference on computer vision and pattern recognition, 2014: 580-587.

[21] Van de Sande K E A, Uijlings J R R, Gevers T, et al. Segmentation as selective search for object recognition [C]//2011 international conference on computer vision. Barcelona, Spain: IEEE, 2011: 1879-1886.

[22] He K, Zhang X, Ren S, et al. Spatial pyramid pooling in deep convolutional networks for visual recognition[J]. IEEE transactions on pattern analysis and machine intelligence, 2015, 37（9）:

1904-1916.

[23] Girshick R. Fast r-cnn[C]//Proceedings of the IEEE international conference on computer vision, 2015: 1440-1448.

[24] Ren S, He K, Girshick R, et al. Faster r-cnn: Towards real-time object detection with region proposal networks[J]. Advances in neural information processing systems, 2015, 28: 91-99.

[25] Lin T Y, Dollár P, Girshick R, et al. Feature pyramid networks for object detection[C]//Proceedings of the IEEE conference on computer vision and pattern recognition. 2017: 2117-2125.

[26] Dai J, Li Y, He K, et al. R-fcn: Object detection via region-based fully convolutional networks[C]//Advances in neural information processing systems, 2016: 379-387.

[27] Cai Z, Vasconcelos N. Cascade r-cnn: Delving into high quality object detection[C]//Proceedings of the IEEE conference on computer vision and pattern recognition, 2018: 6154-6162.

[28] Redmon J, Divvala S, Girshick R, et al. You only look once: Unified, real-time object detection[C]//Proceedings of the IEEE conference on computer vision and pattern recognition, 2016: 779-788.

[29] Liu W, Anguelov D, Erhan D, et al. Ssd: Single shot multibox detector[C]//European conference on computer vision. Cham: Springer, 2016: 21-37.

[30] Redmon J, Farhadi A. YOLO9000: better, faster, stronger[C]//2017 IEEE Conference on Computer Vision and Pattern Recognition, 2017: 6517-6525.

[31] Szegedy C, Liu W, Jia Y, et al. Going deeper with convolutions [C]//Proceedings of the IEEE conference on computer vision and pattern recognition, 2015: 1-9.

[32] Redmon J, Farhadi A. Yolov3: An incremental improvement[J]. arXiv preprint arXiv: 1804. 02767, 2018.

[33] Bochkovskiy A, Wang C Y, Liao H Y M. Yolov4: Optimal speed and accuracy of object detection[J]. arXiv preprint arXiv: 2004. 10934, 2020.

[34] Wang C Y, Liao H Y M, Wu Y H, et al. CSPNet: A new backbone that can enhance learning capability of CNN[C]// Proceedings of the IEEE/CVF conference on computer vision and pattern recognition workshops, 2020: 390-391.

[35] Misra D. Mish: A self regularized non-monotonic neural activation function[J]. arXiv preprint arXiv: 1908. 08681, 2019, 4: 2.

[36] Ghiasi G, Lin T Y, Le Q V. Dropblock: A regularization method for convolutional networks[J]. arXiv preprint arXiv: 1810. 12890, 2018.

[37] Wang K, Liew J H, Zou Y, et al. Panet: Few-shot image semantic segmentation with prototype alignment [C]//Proceedings of the IEEE/CVF International Conference on Computer Vision, 2019: 9197-9206.

[38] Law H, Deng J. Cornernet: Detecting objects as paired keypoints[C]//Proceedings of the European conference on computer vision (ECCV). 2018: 734-750.

[39] Zhou X, Wang D, Krähenbühl P. Objects as points[J]. arXiv

preprint arXiv：1904. 07850，2019.

[40] Tian Z，Shen C，Chen H，et al. Fcos：Fully convolutional one-stage object detection[C]//Proceedings of the IEEE/CVF international conference on computer vision，2019：9627-9636.

[41] Lin T Y，Goyal P，Girshick R，et al. Focal loss for dense object detection[C]//Proceedings of the IEEE international conference on computer vision，2017：2980-2988.

[42] Goodfellow I，Shlens J，Szegedy C. Explaining and Harnessing Adversarial Examples[J]. arXiv：Machine Learning，2014.

[43] Szegedy C，Zaremba W，Sutskever I，et al. Intriguing properties of neural networks[J]. ArXiv，2013，1312. 6199.

[44] Kurakin A，Goodfellow I，Bengio S. Adversarial examples in the physical world[J]. CoRR，2016，abs/1607. 02533.

[45] Papernot N，McDaniel P，Jha S，et al. The Limitations of Deep Learning in Adversarial Settings[C] //2016 IEEE European Symposium on Security and Privacy（EuroS P）. Saarbruecken，Germany：IEEE，2016：372-387.

[46] Moosavi-Dezfooli S M，Fawzi A，Frossard P. DeepFool：A Simple and Accurate Method to Fool Deep Neural Networks[C] // Proceedings of the IEEE Conference on Computer Vision and Pattern Recognition（CVPR）. 2016.

[47] Brendel W，Rauber J，Bethge M. Decision-Based Adversarial Attacks：Reliable Attacks Against Black-Box Machine Learning Models[J]. ArXiv，2018，abs/1712. 04248.

[48] Carlini N，Wagner D. Towards Evaluating the Robustness of

Neural Networks[C] //2017 IEEE Symposium on Security and Privacy（SP）. San Jose, CA, USA：IEEE, 2017：39–57.

[49] Moosavi-Dezfooli S M, Fawzi A, Fawzi O, et al. Universal adversarial perturbations[J]. CoRR, 2016, abs/1610. 08401.

[50] 美陆军利用人工智能对抗电子攻击[J]. 无线电工程, 2018, 48（10）：907.

[51] 季华益, 唐莽, 王琦. 基于大数据、云计算的信息对抗作战体系发展思考[J]. 航天电子对抗, 2015, 31（06）：1-4+11.

[52] 叶小雷, 王以鑫, 谢建军. 浅谈现代空间信息对抗技术建设[J]. 南方农机, 2017, 48（07）：116+120.

[53] 舒滢. 对抗环境中对毒化攻击的鲁棒学习算法[D]. 广州：华南理工大学, 2017.

[54] 雷鹏飞, 魏贤智, 高晓梅, 等. 复杂对抗环境下对地攻击武器选择[J]. 火力与指挥控制, 2017, 42（01）：75-79.

[55] 刘晓琴, 王婕婷, 钱宇华, 等. 一种多强度攻击下的对抗逃避攻击集成学习算法[J]. 计算机科学, 2018, 45（01）：34-38+46.

[56] 蒋凯, 易平. 关于对抗样本恢复的研究[J]. 通信技术, 2018, 51（12）：2946-2952.

[57] 杨浚宇. 基于迭代自编码器的深度学习对抗样本防御方案[J]. 信息安全学报, 2019, 4（06）：34-44.

[58] 吴嫚, 刘笑嶂. 基于PCA的对抗样本攻击防御研究[J]. 海南大学学报（自然科学版）, 2019, 37（02）：134-139.

[59] 孙曦音, 封化民, 刘飚, 等. 基于GAN的对抗样本生成研究[J]. 计算机应用与软件, 2019, 36（07）：202-207+248.

[60] 郭敏，曾颖明，于然，等. 基于对抗训练和VAE样本修复的对抗攻击防御技术研究[J]. 信息网络安全，2019（09）：66-70.

[61] 陈慧，韩科技，杭杰，等. 对抗黑盒攻击的混合对抗性训练防御策略研究[J]. 南京航空航天大学学报，2019，51（05）：660-668.

[62] 周星宇，潘志松，胡谷雨，等. 局部可视对抗扰动生成方法[J]. 模式识别与人工智能，2020，33（01）：11-20.

[63] 胡慧敏，钱亚冠，雷景生，等. 基于卷积神经网络的污点攻击与防御[J]. 浙江科技学院学报，2020，32（01）：38-43+63.

[64] 陈晋音，陈治清，郑海斌，等. 基于PSO的路牌识别模型黑盒对抗攻击方法[J]. 软件学报，2020，31（09）：2785-2801.

[65] 冯尚. 视觉系统专栏. [EB/OL]. （2020-06-17）. https：//www. zhihu. com/column/vision-system.

[66] Malpeli J G，Baker F H. The representation of the visual field in the lateral geniculate nucleus of Macaca mulatta[J]. Luzac & Co. 1975（4）：569-594.

[67] Larsson J，Heeger D J. Two Retinotopic Visual Areas in Human Lateral Occipital Cortex[J]. The Journal of Neuroscience：The Official Journal of the Society for Neuroscience，2007，26（51）：13128-13142.

[68] Sedigh-Sarvestani M，Vigeland L，Fernandez-Lamo I，et al. Intracellular，In Vivo，Dynamics of Thalamocortical Synapses in Visual Cortex[J]. Journal of Neuroscience，2017，37（21）：5250-5262.

[69] Xu X，Ichida J，Shostak Y，et al. Are primate lateral geniculate

nucleus（LGN）cells really sensitive to orientation or direction? [J]. Visual Neuroscience, 2002, 19（1）: 97-108.

[70] Kandel E, Schwartz J, Jessell T, et al. Principles of Neural Science[M]. 5th ed. New York: McGraw-Hill Medical, 2013.

[71] Nassi J J, Callaway E M. Parallel processing strategies of the primate visual system[J]. Nature Reviews Neuroscience, 2009, 10（5）: 360-372.

[72] Rizzolatti G, Matelli M. Two different streams form the dorsal visual system: anatomy and functions[J]. Experimental Brain Research, 2003, 153（2）: 146-157.

[73] Priebe N J. Mechanisms of Orientation Selectivity in the Primary Visual Cortex[J]. Annual Review of Vision Science, 2016, 2（1）: 85-107.

[74] Sincich L C, Horton J C. The circuitry of V1 and V2: integration of color, form, and motion[J]. Annual Review of Neuroscience, 2005, 28（1）: 303-326.

[75] Roe A W, Chelazzi L, Connor C E, et al. Toward a Unified Theory of Visual Area V4[J]. Neuron, 2012, 74（1）: 12-29.

[76] Tompa T, G Sáry. A review on the inferior temporal cortex of the macaque[J]. Brain Research Reviews, 2010, 62（2）: 165-182.

[77] Desimone R, Albright T D, Gross C G, et al. Stimulus-selective properties of inferior temporal neurons in the macaque[J]. The Journal of Neuroscience, 1984, 357（8）: 219-240.

[78] Schwartz E L, Desimone R, Albright T D, et al. Shape

recognition and inferior temporal neurons[J]. Proceedings of the National Academy of Sciences, 1983, 80（18）: 5776-5778.

[79] Rees G, Kreiman G, Koch C. Neural Correkates of Consciousness in Humans[J]. Nature Reviews Neuroscience 2002, 3（4）: 261-270.

[80] Born R T, Bradley D C. Structure and function of visual area MT[J]. Annual Review of Neuroscience, 2005, 28（1）: 157.

[81] Colby C L, Goldberg M E. Space and attention in parietal cortex [J]. Annual review of neuroscience, 1999, 22（1）: 319-349.

[82] Freedman D J, Riesenhuber M, Poggio T, et al. Visual Categorization and the Primate Prefrontal Cortex: Neurophysiology and Behavior[J]. Journal of Neurophysiology, 2002, 88（2）: 929-941.

[83] Miller E K, Cohen J D. An integrative theory of prefrontal cortex function[J]. Annual Review of Neuroscience, 2001, 24（1）: 167-202.

[84] Purves D, Augustine G J, Fitzpatrick D, et al. Neuroscience [M]. 5th ed. SINUER, 2012.

[85] Tootell R, Hadjikhani N K, Vanduffel W, et al. Functional Analysis of Primary Visual Cortex（V1）in Humans[J]. Proceedings of the National Academy of Sciences of the United States of America, 1998, 95（3）: 811-817.

[86] Cadieu C, Kouh M, Pasupathy A, et al. A model of V4 shape selectivity and invariance[J]. Journal of Neurophysiology, 2007, 98（3）: 1733.

[87] Sincich L C, Horton J C. The circuitry of V1 and V2: integration of color, form, and motion[J]. Annual Review of Neuroscience, 2005, 28（1）: 303-326.

[88] Pascal B, Alexandre B, Kenneth K, et al. Laminar distribution of neurons in extrastriate areas projecting to visual areas V1 and V4 correlates with the hierarchical rank and indicates the operation of a distance rule[J]. Journal of Neuroscience, 2000, 20（9）: 3263-3281.

[89] Felleman D J, Xiao Y, Mcclendon E, Modular Organization of Occipito-Temporal Pathways: Cortical Connections between Visual Area 4 and Visual Area 2 and Posterior Inferotemporal Ventral Area in Macaque Monkeys[J]. Journal of Neuroscience the Official Journal of the Society for Neuroscience, 1997, 17（9）: 3185-3200.

[90] Brincat S L, CE Connor. Underlying principles of visual shape selectivity in posterior inferotemporal cortex[J]. Nature Neuroscience, 2004, 7（8）: 880-886.

[91] Kanwisher N, McDermott J, Chun M M. The Fusiform Face Area: A Module in Human Extrastriate Cortex Specialized for Face Perception[J]. The Journal of Neuroscience, 1997, 17（11）: 4302-4311.

[92] Cui Y, Liu L D, Khawaja F A, et al. Diverse suppressive influences in area MT and selectivity to complex motion features [J]. Journal of Neuroscience, 2013, 33（42）: 16715-16728.

[93] Duhamel J R, Colby C L, Goldberg M E. Ventral intraparietal

area of the macaque: congruent visual and somatic response properties[J]. Journal of Neuroscience, 1998, 79 (1) : 126-136.

[94] Murata A, Gallese V, Luppino G, et al. Selectivity for the shape, size, and orientation of objects for grasping in neurons of monkey parietal area AIP[J]. Journal of Neuroscience, 2000, 83 (5) : 2580–2601.

[95] Farivar R, Blanke O, Chaudhuri A. Dorsal–ventral integration in the recognition of motion-defined unfamiliar faces[J]. Journal of Neuroscience, 2009, 29 (16) : 5336-5342.

[96] Hubel D H, Wiesel T N. Receptive fields of single neurones in the cat's striate cortex[J]. The Journal of physiology, 1959, 148 (3) : 574-591.

[97] Hubel D H, Wiesel T N. Receptive fields, binocular interaction and functional architecture in the cat's visual cortex[J]. The Journal of physiology, 1962, 160 (1) : 106-154.

[98] Fukushima K, Miyake S. Neocognitron: A self-organizing neural network model for a mechanism of visual pattern recognition[M]// Competition and cooperation in neural nets. Berlin, Heidelberg: Springer, 1982: 267-285.

[99] Daugman J G. Uncertainty relation for resolution in space, spatial frequency, and orientation optimized by two-dimensional visual cortical filters[J]. JOSA A, 1985, 2 (7) : 1160-1169.

[100] Riesenhuber M, Poggio T. Hierarchical models of object recognition in cortex[J]. Nature neuroscience, 1999, 2 (11) :

1019-1025.

[101] Serre T, Wolf L, Poggio T. Object recognition with features inspired by visual cortex[C]//2005 IEEE Computer Society Conference on Computer Vision and Pattern Recognition (CVPR'05). San Diego, CA, USA: IEEE, 2005: 994-1000.

[102] Mutch J, Lowe D G. Multiclass object recognition with sparse, localized features[C]//2006 IEEE Computer Society Conference on Computer Vision and Pattern Recognition (CVPR'06). New York, NY, USA: IEEE, 2006: 11-18.

[103] Mel B W. SEEMORE: combining color, shape, and texture histogramming in a neurally inspired approach to visual object recognition[J]. Neural computation, 1997, 9 (4): 777-804.

[104] Wallis G, Rolls E T. A model of invariant object recognition in the visual system[J]. Progress in Neurobiology, 1997, 51 (1): 167-194.

[105] Rolls E T, Milward T. A model of invariant object recognition in the visual system: learning rules, activation functions, lateral inhibition, and information-based performance measures[J]. Neural computation, 2000, 12 (11): 2547-2572.

[106] Hochstein S, Ahissar M. View from the top: Hierarchies and reverse hierarchies in the visual system[J]. Neuron, 2002, 36 (5): 791-804.

[107] Dura-Bernal S, Wennekers T, Denham S L. The role of feedback in a hierarchical model of object perception[M]//From

Brains to Systems. New York, NY: Springer, 2011: 165-179.

[108] Kim S, Kwon S, Kweon I S. A perceptual visual feature extraction method achieved by imitating V1 and V4 of the human visual system[J]. Cognitive Computation, 2013, 5（4）: 610-628.

[109] Tschechne S, Neumann H. Hierarchical representation of shapes in visual cortex—from localized features to figural shape segregation[J]. Frontiers in computational neuroscience, 2014, 8: 93.

[110] Li C Y. Integration fields beyond the classical receptive field: organization and functional properties[J]. Physiology, 1996, 11（4）: 181-186.

[111] 龙甫荟, 郑南宁. 一种引入注意机制的视觉计算模型[J]. 中国图象图形学报, 1998, 7: 62-65.

[112] 田媚, 罗四维, 黄雅平, 等. 基于局部复杂度和初级视觉特征的自底向上注意信息提取算法[J]. 计算机研究与发展, 2008, 45（10）: 1739.

[113] 宋皓, 徐小红. 基于生物视觉通路的目标识别算法[J]. 合肥工业大学（自然科学版）, 2012, 35（4）: 481-484.

[114] 张盛博. 生物视觉启发的形状特征层次模型及其在目标识别中的应用[D]. 上海: 上海交通大学, 2016.

[115] 王国胤, 陈乔松, 王进. 智能车技术探讨[J]. 计算机科学, 2012, 39（05）: 1-8.

[116] Martinez F J, Toh C K, Cano J C, ct al. Emergency Services in

Future Intelligent Transportation Systems Based on Vehicular Communication Networks[J]. Intelligent Transportation Systems Magazine，2010，24（3）：6-20.

[117] Parent M，Gallais G．Intelligent transportation incities with CTS[C]// The IEEE 5th International Conference on Intelligent Transportation Systems Proceedings．Singapore：IEEE，2002：826-830.

[118] 王家博，高菊玲，钟兴．浅析无人驾驶汽车发展现状与问题[J]．汽车零部件，2020（01）：89-91.

[119] 逢伟．低速环境下的智能车无人驾驶技术研究[D]．杭州：浙江大学，2015.

[120] 何佳，戎辉，王文扬，等．百度谷歌无人驾驶汽车发展综述[J]．汽车电器，2017（12）：19-21.

[121] 姜允侃．无人驾驶汽车的发展现状及展望[J]．微型电脑应用，2019，35（5）：60-64.

[122] 杨帆．无人驾驶汽车的发展现状和展望[J]．上海汽车，2014（3）：35-40.

[123] 跨越梦想见证无人驾驶时代到来——百度首款L4级量产自动驾驶巴士金龙阿波龙第100辆下线[J]．城市公共交通，2018（07）：98-99.